야수의집중력

◆ 맑은 정신을 유지하고 집중력을 끌어올리는 최강의 기술 45 ◆

야수의 집중력

스즈키 유 지음 | 홍미화 옮김

WILLCOMPANY

시작하며

집중력이 없는 사람으로서 역사상 최초의 이름을 남긴 이는 고대 그리스의 페르세스라고 한다. 유명한 시인 헤시오도스의 동생인 그는 타고나기를 집중력이 모자란 성격이라고 알려져 있다. 그래서 날마다 농사를 등한시하고 놀기만 했다.

이런 모습에 화가 난 헤시오도스는 페르세스에게 '오늘 할 수 있는 일을 내일로 미뤄선 안 돼. 열심히 일을 하지 않는 사람은 결국 파멸에 이르고 만다'라는 내용의 시를 보냈다. 헤시오도스의 말은 틀리지 않지만 페르세스에게 공감하는 사람도 없지는 않을 것이다.

'마감이 다가오는데 일을 자꾸 미룬다'

'공부를 하려다 게임에 빠져버린다'

'열심히 하자면서 5분만 지나면 인터넷을 헤매고 있다'

현대인의 대다수가 갖는 이러한 고민은 본질적으로 기원전 700년의 고대 그리스와 매우 비슷하다. 인간은 늘 '일에 집중할 수 있는 방법은 없을까?' 하는 질문의 답을 구해왔던 것이다.

집중력이 삶의 필수적인 능력이라는 것은 누구나 인정하는 사실이다. 중요한 일을 할 때 산만하지 않게 집중할 수 있다면 지금보다 더 큰 성과를 올릴 수 있을 것이다. 일이나 공부를 모두 척척 해치우고 남은 시간은 좋아하는 취미 생활을 하며 보낼 수도 있다.

최근에는 '집중력이 인생의 성공을 좌우한다'는 연구 데이터가 증가하고 있다. 2016년 계량경제학의 대가인 제임스 헤크먼은 '인생의 성공에 필요한 요소는 무엇인가?'라는 질문에 관해 조사했다. 영국과 미국에서 태어난 수만 명의 아이들을 대상으로 IQ와 성격 테스트를 한 뒤 수십 년이 지나 모두의 수입과 건강 상태를 다시 조사했다. 그리고 분석을 통해 얻은 결과는 다음과 같았다.

"인생의 성공에 가장 필요한 요소는 두뇌의 명석함이 아닌 '성실함'이다."

여기에서 말하는 '성실함'은 눈앞의 욕망에 휩쓸리지 않고 중요한 일을 하나하나 수행하는 능력을 의미한다. 다시 말해 '집중력'을 뜻하는 것이다. 두뇌의 명석함도 나름 관련성이 있겠지만 집중력의 중요성에는 크게 미치지 못했다. IQ보다 집중력이 높은 사람이 수입이 많고 건강을 해칠 확률도 적으며 무엇보다 정신 건강을 지키면서 행복하게 사는 경향이 매우 높았다. 집중력이야말로 현대에 가장 중요한 능력이라고 할 수 있을 것이다. 그렇다면 집중력은 어떻게 높일 수 있을까? 주변에서 자주 듣는 조언은 다음과 같았다.

- **작업 관리를 철저히 한다**
- **주변 환경을 깔끔하게 정리한다**
- **무아의 경지나 초집중 상태에 빠지는 방법을 생각한다**

이러한 방법들은 물론 나름의 효과가 있다. 전부 사람들이 좋다고 말하는 방법이므로 실천해보면 어떤 모습으로든 변화를 실감할 수 있을 것이다. 하지만 이러한 전략이 어려운 이유는 자칫하면 미봉책으로 끝나기 쉽기 때문이다. 열심히 노력해서 집중력을 높일 수 있다면 좋겠지만 효율성이 오르는 것은 처음뿐이고 금방 예전으로 돌아가 일을 미루게 된다.

이와 같은 고민을 가진 사람들은 많다. 필자의 블로그에도 '집중력이 조금 생겼다가 금방 제자리로 돌아가고 만다'라거나 '결국에는 눈앞의 욕망에 무너진다'라는 상담 메일이 자주 도착한다. 그렇다면 이 문제에 어떻게 대처해야 할까?

가장 중요한 점은 '집중력이란 과연 무엇인가?' 하는 문제를 깊이 있게 살펴보아야 한다는 것이다. 먼저 그 정체를 알 수 없는 집중력이라는 능력의 참모습을 알아내서 그것을 제대로 활용해야 한다.

'집중력의 의미 정도는 잘 알고 있다'라고 생각할지도 모르지만 당신은 과연 다음과 같은 질문에 즉시 대답할 수 있을까?

- 인간은 왜 수천 년에 걸쳐 집중력 부족에 대해 고민해왔을까?
- 그만큼 중요한 능력임에도 인간은 왜 집중력을 진화시키지 못했을까?
- 게임과 스마트폰을 사용할 때는 집중력이 생기는데 왜 일을 할 때는 집중력이 흩어지고 마는 것일까?
- 우수한 운동선수가 자신만의 방법으로 집중력을 높일 수 있는 이유는 무엇일까?

이러한 요점을 제대로 파악하지 않으면 어떤 잔재주를 부리려 해도 효과는 높아지지 않는다. 집중력이 생기는 기본적인 구조를 알지 못해서 상황의 변화에 대응하는 기술을 이용할 수 없기 때문이다. 수학 공식을 아무리 많이 기억하고 있어도 그 의미를 정확히 이해하지 못하면 응용할 수 없는 것과 마찬가지다.

따라서 이 책에서는 먼저 집중력의 정체를 알아낼 수 있도록 인간의 마음속 기본적인 구조부터 설명하고자 한다. 당신의 마음을 움직이는 메커니즘은 무엇일까? 그 메커니즘이 집중력의 증감과 어떻게 연관되어 있을까? 이러한 근본적 지식을 파악한 후 현대 과학이 증명한 최고의 기술을 소개하고자 한다.

이에 기준으로 삼은 것은 최근 수년간 발표된 뇌과학과 심리학, 영양학을 근거로 한 수천 건이 넘는 연구 논문이다. 전부 신뢰도 높은 자료를 엄선함과 동시에 미국과 아시아 태평양의 주요 심리학자 등 약 40명의 전문가를 대상으로 한 인터뷰를 토대로 구성했다.

당연히 이 원고를 쓰는 데에도 이 책에서 소개하는 집중력을 기르는 방법이 크게 도움이 되었다. 왜냐하면 나는 과학저술가로서 책을 쓰며 기업 컨설팅과 리서치, 구독 서비스 중인 블로그도 운영하고 있어서 하루에 평균 15건의 논문과 3권의 책을 읽으며 2만~4만 자의 원고를 매일 써야 했기 때문이다. 당장의 욕망에 무너졌다면 생활이 곤궁해졌을 테지만 이 책이 무사히 완성될 수 있었던 것도 따지고 보면 집중력의 근본적인 이해가 깊어진 덕분이다.

물론 이 책을 마지막까지 읽으면 모두가 비슷한 수준의 집중력을 얻을 수 있을 것이다. 만일 당신에게 일을 미루는 습관이 있다 해도 게으르거나 재능이 없어서가 아니다. 단지 인간 심리의 메커니즘을 이해하지 못해서이지 누구에게나 '엄청난 집중력'은 잠재해 있다.

진짜 필요한 것은 인간 내면의 구조를 알고 그 정확한 운용 방법을 배우는 것이다. 일단 이러한 지식을 습득하면 어떤 문제가 생겨도 당신은 수준 높은 집중력을 계속 유지할 수 있을 것이다.

자, 이제 그 시작을 열어보자.

일러두기

1. 이 책에 소개된 집중력을 기르는 기술은 최근 발표된 뇌과학과 심리학, 영양학을
   근거로 한 연구 논문과 심리학자들의 인터뷰를 토대로 하였습니다.
2. 본문의 각주 번호는 참고문헌 표시이며, 장별로 정리해 부록으로 실었습니다.

야수에게 먹이를 준다
: 뇌의 힘을 높이는 식품보충제와 식이요법

보상의 예감

: 뇌내 호르몬을 조절하는 목표 설정의 비법

의식을 행한다

: 매일의 루틴으로 빠르게 집중 모드에 들어간다

이야기를 만든다

: 자아상을 수정해서 자신 있는 사람이 되자

Chap
4

나를 바라본다

: 마음챙김으로 차분한 집중력을 되찾는다

포기하고 쉰다

: 피로와 스트레스를 치유하는 재충전법

Chap
6

Intro

야수와 조련사

◆ 잠재력을 400% 끌어올리는 기본 구조 ◆

일반인 4배의 생산성을 갖는 하이퍼포머는 무엇이 다른가

천재도 극복할 수 없는 집중력 문제

인간의 역사라는 것은 주의산만과 투쟁해온 역사라고 해도 좋을 것이다. 4천 년 전 페르시아에서 생겨난 조로아스터교에는 이미 '인류에게 주의산만과 게으름을 불러일으키는 악마'가 등장했고 3,400년 전의 이집트 고대문서에도 '제발이지 집중해서 일을 끝마쳐줘!'라는 문구가 등장할 정도였다.

또한 과거의 천재들도 주의산만에 크게 골머리를 앓아왔다. 만능의 천재라 불리던 레오나르도 다빈치는 전 생애에 걸쳐 1만 페이지 이상의 친필 원고를 비롯해 해부도와 설계도 등 많은 드로잉을 남겼으나 완성된 그림은 20점을 넘지 않는다.

그러한 작업 태도의 원인은 주의가 산만해서라고 할 수 있다. 그림을 그리다가 금방 펼쳐둔 공책에 상관없는 낙서를 시작하고는 정신을 차려 연필을 고쳐 쥐는 것이 다반사였다. 이 때문에 작업은 더욱 늦어져서 그 유명한 〈모나리자〉는 완성까지 16년이 걸릴 정도였다.

그 외에도 집중력 문제로 골치를 앓은 위인은 매우 많다. 소설 집필 중 연인의 편지에 계속 정신이 팔려 대부분의 작품을 완성시키지 못했던 프란츠 카프카, 전화 벨소리에 집중력을 자꾸 빼앗겨 일기에 "저 소리가 나의 뇌를 전부 갉아먹는다"라고 쓴 작가 버지니아 울프 등 집중력 문제로 고민했던 천재들의 에피소드는 그 수를 셀 수 없을 정도다.

그런가 하면 어느 세계라도 '하이퍼포머(high performer, 뛰어난 성과를 내는 사람)'라 불리는 사람이 있기 마련이다. 높은 집중력을 일정하게 유지해서 다른 사람보다 엄청난 양의 일 처리를 해내는 그 분야의 선두주자를 말한다.

일생 동안 약 1만 3,500점의 유화와 소묘를 제작한 파블로 피카소, 1,500편 이상의 논문을 발표한 수학자 폴 에르되시, 1,093건의 특허를 취득한 토마스 에디슨 등이 대표적인 예다. 그 정도의 위인은 아니더라도 우리 주변에서도 특별 대접을 받을 만한 하이퍼포머 한 명쯤은 쉽게 떠올릴 수 있을 것이다.

집중력은 재능만으로는 결정되지 않는다

2012년 인디애나 대학이 63만 명을 대상으로 최대의 하이퍼포머 연구를 실시했다. 기업가, 운동선수, 정치가, 예술가로 나뉜 직업군을 조사해 생산성이 비상하게 높은 사람들의 특징을 밝혀냈다.[1] 그 결과로 알게 된 것은 하이퍼포머들이 일반인보다 항상 400%가 넘는 생산성을 올리고 있다는 사실이다.

OECD의 조사에 따른 일본인의 시간당 노동생산성은 평균적으로 약 5만 원(100엔=1,000원으로 환산함. 이하 동일)이니 하이퍼포머들은 한 시간당 약 20만 원의 부가가치를 낳는다고 할 수 있다. 일본인의 연간 노동시간을 합쳐 환산하면 1년에 약 3억 원이라는 차이를 갖는다.

앞서 언급한 인디애나 대학 연구에서도 하이퍼포머가 생산한 업적의 양은 각 기업이 생산한 이익의 26%를 차지한다고 밝히고 있다. 연매출 10억 원의 직원 20명이 일하는 회사의 경우, 하이퍼포머 혼자서 약 2억6천만 원을 벌어들이고 남은 19명이 3,900만 원씩 버는 셈이다.

그렇다면 하이퍼포머들은 무엇이 다를까? 그들은 어떻게 고도의 집중력을 유지해서 보통 사람들의 4배나 되는 성과를 올리고 있는 것일까?

물론 선척적인 재능은 중요한 이유 중 하나일 것이다. 우리들의 생산성이 유전에 좌우된다는 말은 흔한 얘기여서 4만 명을 대상으로 한 미시건 주립대학의 메타분석(특정 연구 주제에 대하여 이루어진 여러 연구 결과를 하나로 통합하여 통계적으로 재분석하는 신뢰도가 매우 높은 분석)에서도 일에 대한 의욕과 집중력은 선천적인 성격에 따라 약 50%는 설명할 수 있다는 결과가 나와 있다.[2] 인간의 집중력이 상당한 부분까지 재능으로 결정되는 것은 확실하다.

이는 의욕이 떨어지는 분석이지만 아직 낙담하기는 이르다. 유전으로 결정되는 집중력은 어디까지나 전체의 절반에 지나지 않고 남은 절반은 그 후로도 수정이 가능한 '어떤 요소'로 구성되어 있기 때문이다.

많은 하이퍼포머 연구에 따르면 생산성이 높은 사람들은 많든 적든 무의식중에 비슷한 '어떤 요소'를 유지하고 있어서 그 덕분에 집중력을 발휘하는 것으로 확인되었다. 다시 말해 지금부터의 노력으로도 충분히 바꿀 수 있다는 것이다. 이 책에서는 그러한 '어떤 요소'를 '야수와 조련사'로 부르기로 한다.

집중력 문제를 단숨에
해결하는 기본 구조

야수는 본능, 조련사는 이성

'야수와 조련사'는 인간의 마음이 2개로 나뉘어 있다는 사실을 비유로 나타낸 것이다. 이러한 발상 자체는 새로운 것이 아니다. 우리들의 마음이 하나로 통합된 것이 아니라는 사실은 오래전부터 알려져 왔다.

기독교의 천사와 악마가 그 대표적인 예다. 인류를 타락으로 이끈 악마에게 절제를 중요시 여기는 천사가 싸움을 거는 장면은 이미 너무 잘 알려져 있어 얘깃거리도 되지 못한다. 인간의 분열된 마음을 그리는 너무 흔한 표현이 되어버렸다.

17세기에는 계몽사상가들이 인간의 마음을 이성과 충동의 상극으로 다루면서 합리적인 삶의 방식이야말로 진리라고 여겼다. 같은 시기 경제학의 아버지인 애덤 스미스가 인간은 '공감'과 '공평한 관찰자'라는 2개의 인격을 가진다고 주장했고, 더욱 가까운 근대에는 프로이트가 '이드'와 '초자아'의 갈등을 축으로 정신병증을 묘사했다. 아직 과학적인 방법이 확립되지 못했던 시대에도 석학들의 눈에는 이미 분열된 마음의 존재가 보였던 것이다.

다행히도 현대에는 분열된 마음의 연구가 더 정밀하게 진행되고 있다. 그중에서 설득력 있는 증거를 제시한 것은 1980년대에 발전한 뇌과학 분야다. 많은 연구자가 뇌를 계속 스캔해본 결과 인간의 머릿속에는 '전두전피질'과 '변연계'라고 불리는 부위가 서로 부딪치며 육체의 지배권을 둘러싼 전쟁을 반복하고 있다는 사실을 밝혀냈다.

전두전피질은 인류의 진화에서 후반부에 해당하는 시기에 만들어진 부위로 복잡한 계산과 문제 해결에 작동한다. 다른 한편인 변연계는 진화의 초기에 만들어진 부위로 식욕이나 성욕 등의 본능적인 욕망을 조절한다.

예를 들어 당신이 '일을 해야 하는데 술이 마시고 싶다'라고 갈등할 때에 '일을 하자'고 주장하는 것은 전두전피질의 역할이고, 변연계는 '오로지 술이지!'라고 계속 떼를 쓴다. '저축을 해야 하는데 여행도 가고 싶다'라는 상황이라면 전두전피질은 '저축파'이고, 변연계는 '여행파'인 것이다.

현재 이러한 연구는 다양한 학문 분야에서 사용되는데 심리학에서는 '휴리스틱(heuristics, 복잡한 과제를 단순화시켜 의사 결정하는 경향)'과 '분석적 사고'로, 행동경제학에서는 '시스템1'과 '시스템2' 등으로 구분되어 있다. 어감이 미묘하게 다르기는 하지만 모두가 인간의 마음을 2개로 나눈 점은 다를 바 없다. 이 책에서 지칭하는 '야수와 조련사'도 이러한 흐름에 따른 것이다.

이제까지의 설명에 따르면 야수는 '충동'과 '변연계'에 해당하고, 조련사는 '이성'과 '전두전피질'에 해당한다. 본능이 이끄는 대로 움직이는 야수를 조련사가 어떻게 해서든 잘 다뤄보려는 모습을 상상하면 된다.

'집중력'이라는 능력은 존재하는 것일까

이미 많은 표현이 있음에도 굳이 '야수와 조련사'라고 이름 붙인 것은 인간의 집중력에 관한 한 기존의 언어로는 부족하기 때문이다. 정확한 설명을 위해 당신이 일을 할 때 집중해야 하는 순간을 떠올려 보자. 매우 흔한 장면이지만 하이퍼포머 정도의 집중력을 발휘하기 위해서는 온갖 능력이 요구된다.

최초의 관문은 일을 시작하는 단계부터 시작된다. 가령 서류를 펼치기가 너무 싫어서 먼저 메일을 점검하다가 30분이 흘러가 버리는 경우처럼, 주어진 일이 하기 싫어서 작업의 출발선에조차 서지 못하는 상황은 누구나 한 번쯤 겪어본 일이다.

이 단계에서는 **자기 효능감과 동기부여 능력**이라는 2가지가 필요하다. 자기 효능감은 '나는 힘든 일도 해낼 수 있다'라고 자연스럽게 생각하는 심리 상태를 말한다. 이 감각이 없으면 간단한 작업도 어렵게 느껴져 시작의 첫걸음을 떼지 못한다. 다른 하나인 동기부여 능력은 설명할 필요도 없을 것이다. 내키지 않는 일을 시작하기 위해서는 어떻게든 의욕을 불러일으켜 기분을 향상시켜야만 한다. 하지만 이러한 방해물을 없앤다 해도 그 다음으로 찾아오는 시련이 당신을 공격한다.

다음의 문제는 바로 **주의력 유지**다. 정신을 오로지 한 곳으로 향하게 하는 능력으로 전문적으로는 '주의조절attention control'이라고도 부른다. 주의력의 유지는 사람에 따라 각기 다르지만 성인의 한계는 평균적으로 불과 20분이라고 한다.[3] 순조롭게 집중 모드에 들어가더라도 20분 전후로 반드시 주의력이 떨어진다는 뜻이다. 이 한계를 늘리는 것은 매우 어렵기 때문에 대신에 뇌를 효율성 있게 사용하는 기술을 배울 수밖에 없다.

거기에 최대의 관문이 기다리고 있는데 그것은 바로 '유혹'이다.

순간적으로 갖가지 욕망이 머리를 처들고, 스마트폰이 울리고, 얼마 전에 구입한 게임기와 냉장고의 디저트가 정신을 어지럽게 하는 건 익숙한 광경일 것이다.

하지만 집중력을 갉아먹는 것은 외부의 유혹만이 아니다. 당신의 뇌는 내면의 기억에 의해서도 쉽게 정신을 빼앗겨 버린다. 가령, 공부를 하는 중에 '칭기즈칸이 1211년에 원정을 시작했다'라는 문장을 읽었다고 하자. 그러면 당신의 뇌는 바로 직후부터 '칭기즈칸'에서 연상되는 기억을 여러 가지 불러낸다. 그것이 공부와 관련된 내용이라면 다행이지만 사람에 따라서는 '지난번에 먹은 칭기즈칸 요리는 참 맛있었다'라는 엉뚱한 기억이 떠오르는 경우도 적지 않을 것이다.

칭기즈칸의 기억에 한 번 빠지면 뇌는 그곳에서부터 비롯된 연상 작용을 시작하게 된다. '다른 맛있는 가게를 찾아봐야겠다'거나 '집에서 만들어 먹을 수 있는 레시피는 없을까' 하는 등의 폭주를 시작해 당신의 집중력은 붕괴되고 만다.

이 단계에서 필요한 것이 자기조절 능력이다. 무의식으로 작동하는 온갖 기억에 맞서기 위해서는 끊임없이 자신을 다룰 수 있는 능력이 필요하다.

결국 우리들이 보통 '집중력'이라고 부르는 능력은 다양한 기능이 얽혀 있는 것이다. 작업 직전에는 자기 효능감과 동기부여 능력이 필요하고, 일단 일에 착수한 후에는 주의력을 유지하는 능력을 빼놓을 수 없으며, 업무의 완수까지는 끊임없는 자기조절 능력이 요구된다.

이 복잡한 과정을 대부분의 사람들은 그냥 특정의 능력이라고 취급해버린다. 하지만 '집중력'이라는 단일의 능력이란 존재하지 않는다. 그러므로 '집중력'을 깊이 고찰하기 위해서는 더욱 총체적인 구조를 살펴봐야 한다. 각각의 학문 분야에 의한 정의에서 누락된 요소를 찾아내고 여러 능력을 짜 넣는 식의 토대가 필요한 것이다.

'야수와 조련사'의 비유는 이러한 토대에 해당한다. 말하자면 집중력의 정체를 파악하기 위한 사고의 기본 구조인 셈이다.

'야수'는 단순하고 예민하지만
강력한 힘을 발휘한다!

첫 번째 특성은 힘든 일을 싫어한다는 점이다

우리들 마음속에 숨어 있는 '야수'는 과연 어떤 존재일까? 도대체 어떤 힘을 가지고 있으며 그것이 집중력과 어떤 관계가 있는 것일까? 먼저 야수의 생태를 관찰해보도록 하자.

당신의 내면에 깃든 야수는 크게 3가지 특성을 가지고 있다.

① **힘든 일을 싫어한다**

② **모든 자극에 반응한다**

③ **힘이 세다**

첫째는 '힘든 일을 싫어한다'는 점이다. 야수는 되도록 구체적이고 알기 쉬운 대상을 좋아하고, 추상적이고 해답을 찾기 힘든 것을 피하려는 경향이 있다.

야수가 알기 쉬운 것을 좋아한다는 사실을 예로 든 연구가 있었다. 사람의 이름에 관한 유명한 연구가 그것이다.[4] 이 연구팀은 수백 명의 학생에게 많은 수의 명단을 건넨 뒤 어떤 사람에게 호감이 가는지를 물었다. 얼굴이나 차림새와 관계없이 단순히 이름만으로 사람의 호감도를 나타낼 수 있는지를 조사한 것이다.

결과는 명확했다. 브지우클라키스Vougiouklakis처럼 발음하기 어려운 이름보다는 셔먼Sherman처럼 부르기 쉬운 이름일 때 학생들의 호감도가 올라간 것이다.

다른 실험에서는 읽기 힘든 이름을 가진 사람은 범죄에 빠질 확률이 높았고, 읽기 쉬운 이름의 사람은 사회적으로 성공하기 쉬웠다는 보고까지 나와 있다.[5] 이와 같이 우리들은 이름을 부르기 쉽다는 이유만으로도 좋고 싫음을 정해버리는 존재인 것이다.

야수가 어려운 것을 싫어하는 이유는 에너지 낭비를 피하기 위함이다. 우리들의 선조가 진화해서 살았던 원시시대에서는 귀중한 에너지를 어떻게든 효율적으로 잘 사용해야만 살아남을 수 있었다. 먹을 것을 구하지 못해 굶어야 하는 순간, 맹수에게 갑자기 공격당하는 순간, 전염병에 걸려 죽어가는 순간 등 긴박한 상황에 에너지가 남아 있지 않았다면 인류는 분명 전멸하고 말았을 것이다.

따라서 우리들은 되도록 에너지를 유지하면서 살아가게끔 진화되어왔다. 신체의 에너지를 함부로 쓰지 않도록 하는 것은 물론, 머리를 혹사하는 작업을 하면서도 가능한 한 뇌가 열량을 사용하지 않도록 알기 힘든 것들을 반사적으로 멀리하는 프로그램을 장착시켰다. 바로 이 프로그램이 집중력에 크나큰 손해를 입힌 것이다.

복잡해진 현대사회에서 일상의 업무는 나날이 고도화되어 당신의 인지기능에 큰 부담이 되고 있다. 그럼에도 인류의 기본 프로그램은 어려운 작업을 싫어하도록 기능하고 있으니 목전에 닥친 일에 집중을 하기는 어려운 일이 되어버린다.

두 번째 특성은 모든 자극에 반응한다는 점이다

야수의 두 번째 특성은 모든 자극에 반응한다는 것이다. 사람의 뇌가 유혹에 약하다는 것은 앞에서도 얘기했지만, 야수의 관심을 앗아가는 요소는 간식거리나 스마트폰이라는 주변의 요소들에만 머무르지 않는다.

우리들은 생각지도 못한 순간에 무수히 많은 자극을 받는데 어떤 통계에 따르면 1초에 뇌가 받는 정보량은 1,100만 건을 넘는다고 한다.[6] 멀리서 작게 들리는 자동차 엔진 소리, 모니터의 흠집, 2시간 전에 온 발신번호 표시제한 전화에 대한 기억, 기분 나쁜 허리통증 등 인간의 머릿속은 항상 엄청난 수의 정보를 계속해서 받아들이고 있다.

이러한 자극은 눈앞의 일에 집중하고 있는 동안에는 문제가 되지 않지만 깜빡 주의를 빼앗기는 순간 무의식 아래에서 야수의 주의를 끌어당긴다. 공부에 집중하고 있다가도 갑자기 머리가 가려워지고 불현듯 내일 해야 할 일에 불안감을 느끼는 등 야수가 어떻게 반응을 할지 예상할 수 없다. 이런 상태에서 다시 집중을 하기란 참으로 어려운 일이다.

이러한 문제가 발생하는 것은 야수는 정보의 병렬 처리에 뛰어난 능력이 있기 때문이다. 야수가 정보 처리력이 없다면 인간은 제대로 살아갈 수 없을 것이다. 한 예로 길에서 아는 사람을 맞닥뜨렸다고 가정해보자. 이때 야수는 먼저 표정 인식 프로그램을 작동시키고 생김새와 목소리 등의 정보로 마주선 인물이 누군지를 판단한다. 계속해서 검색 프로그램을 가동시켜 이 사람과 과거에 어떤 말을 했었는지, 이 사람이 어떤 성격의 사람인지 과거의 정보를 찾는다.

이것은 정말 놀랄 만한 능력이다. 만일 모든 정보를 분석해서 의식적으로 처리하려고 했다면 대화를 시작하기까지 밤을 새워야 할 노롯이다. 야수의 능력은 여러 개의 CPU를 갖춘 컴퓨터를 방불케 한다. 하지만 이 능력은 '집중력'에는 큰 결함도 가진다. 야수의 능력은 원시 환경에 최적화되어 있어서 음식, 섹스, 폭력이라는 육체적인 자극에 매우 약하기 때문이다.

원시 환경에서는 가능한 한 많은 양의 음식을 얻고, 이성과 자손을 남기며, 병이나 부상의 위험을 잘 막는 사람일수록 적응에 유리했다는 것은 잘 알려진 사실이다. 그래서 야수는 시각, 후각, 청각, 촉각, 미각의 오감에 호소하는 것에 대해 먼저 관심을 갖도록 진화해왔다. 그렇기 때문에 당신이 아무리 집중을 하려고 해도 신경 쓰이는 사람이나 좋아하는 간식에 생각이 닿으면 잠시도 참을 수 없어진다. 600만 년에 걸쳐 갈고 닦아온 생존 프로그램이 자동적으로 발동해 순간적으로 의식의 스위치를 전환해버리는 것이다.

세 번째 특성은 힘이 세다는 점이다

야수의 마지막 특성은 힘이 세다는 것이다. 반복된 얘기지만 야수는 초당 1,100만 건의 정보를 처리하고 순간적으로 당신의 몸을 점령하는 힘을 가지고 있다. 또한 그 속력은 놀랄 만큼 빠르다. 가령, 맛있어 보이는 음식의 사진을 보자마자 식욕이 생겨서 정신을 빼앗기기까지의 시간은 불과 100분의 1초다. 이렇게까지 반사신경이 재빠른 걸 보면 의식적으로 야수의 활동을 억제하는 것은 불가능하다고 할 수 있다.

야수에게 점령된 인간이 어떤 행동을 보일지는 십대 청소년들을 보면 쉽게 이해될 것이다. 몰래 담배를 피우고, 이유 없이 충동적으로 행동하고, 대책 없이 이성에게 푹 빠지는 아이들….

사춘기의 뇌는 먼저 근육의 움직임을 담당하는 소뇌에서 변화를 시작해 쾌락 시스템에 관여하는 '측좌핵'이 자란 후에야 겨우 '전두전야'가 성숙해진다. 그래서 십대의 뇌는 아직 야수의 강한 지배 아래에 있게 되고, 옆에서 보면 어리석다고 생각되는 행동을 취하기 쉽다. 십대의 시기는 성호르몬의 분비도 높아지기 때문에 그야말로 처치 곤란 상태에 이른다. 가속기만 있고 브레이크는 없는 자동차와 같다.

하지만 전두전야가 성숙해졌다고 해도 안심할 수만은 없다. 어른이 되어도 술을 마시면 이성을 잃곤 하는데 과거 가톨릭에서 이를 걱정해 "내재된 욕망을 절제하라!"라고 했지만 결국에는 대다수의 기독교 교회도 폭력과 전쟁으로 얼룩진 것은 모두가 아는 이야기다.

그도 그럴 것이 인류의 선조가 원숭이에서 갈라진 것이 약 600만 년 전인 것에 반해 호모 사피엔스가 추상적인 사고를 획득한 것은 불과 20만 년 전의 일이다. 즉, 인류사의 약 96.7%의 시간을 인류는 야수의 조종하에 있었다는 말이다. 그 기간 동안 야수는 막대한 시간에 걸쳐 힘을 축적해왔다.

　일단 야수에게 점령되면 우리들은 아무것도 할 수 없다. 야수의지 배하에 있을 때의 인간은 이성을 잃기 쉬운 인형과 비슷하다.

4

'조련사'는 논리적이지만
에너지 소비량에 비해 힘이 약하다

첫 번째 특성은 논리성을 무기로 싸운다는 점이다

조련사는 이처럼 막강한 힘을 가진 야수를 어떻게 다룰 수 있을까? 이제 조련사의 생태에 관해 살펴보기로 하자.

조련사는 대체로 야수와 대비되는 특성을 가지고 있다.

① 논리성을 무기로 사용한다

② 에너지 소비량이 많다

③ 힘이 약하다

첫째, 조련사는 '논리성'을 무기로 사용한다. 거칠게 폭주하는 야수를 막아내기 위해 합리적인 사고로 맞선다. 가령, 공부에 집중하다가 갑자기 냉장고 안에 있는 케이크가 생각났다고 하자. 당신의 마음속에서 야수가 "어서 케이크를 꺼내서 입에 넣어!"라는 지시를 내리는 탓에 당장이라도 집중력이 무너지기 일보직전이다. 그렇게 되면 조련사는 합리적인 반론을 만들어 야수의 폭주를 막으려고 할 것이다.

"지금 당장 먹는다면 살이 찔 테니 금방 후회하게 될 거야!"

"한 번 집중력이 깨지면 다음 주 시험을 망치고 말걸!"

해답을 빠르게 제시하면서 어디론가 야수의 주의를 돌리려 든다. 하지만 원시의 속도와 힘을 가진 야수 앞에서 조련사는 압도적으로 불리한 입장에 있다. 앞서 살펴본 바와 같이 야수가 정보를 병렬 처리하는 데 반해서 조련사는 정보를 직렬 처리할 수밖에 없기 때문이다.

'냉장고에 맛있는 케이크가 있다'라는 정보를 얻은 경우 먼저 조련사는 '만일 케이크를 먹는다면 어떻게 되지?'라고 묻고 '살이 찔 가능성이 높아진다'는 대답을 출력한다. 그리고 계속해서 조련사는 '살이 찌면 어떻게 되지?'라고 묻고 '건강이 나빠진다'거나 '몸매가 망가져 예쁜 옷을 입을 수 없다'라는 결론을 이끌어낸다. 컴퓨터의 하드웨어를 예로 들면 야수의 CPU는 멀티코어이고 조련사의 CPU는 싱글코어인 셈이다. 그런 만큼 조련사의 반응은 늦어지게 되어 있다.

그렇지만 직렬 처리에도 어느 정도의 이점이 있다. 야수는 동시에 대량의 정보를 처리할 수 있지만 한편으론 복수의 정보를 서로 연결 짓지 못한다. '케이크가 있다'라고 생각하는 순간 '먹어야지!'라는 출력을 할 수는 있지만 '지금 공부를 하다가 멈추면 어쩌지?', '몸매가 어떻게 될까?' 하는 별개의 정보를 합쳐 이치에 닿는 이야기를 만들어 내기는 힘들다.

자연히 야수의 반응은 근시안적일 수밖에 없어서 당신을 바르지 못한 길로 안내한다. 저축이 필요한 상황에서 여행을 간다거나 공부에 집중해야 할 시기에 빈둥대는 등의 비합리적인 행동은 직렬 처리를 할 수 없는 야수의 생태에 기인한 것이다.

두 번째 특성은 에너지 소비량이 많다는 점이다

대식가처럼 에너지를 많이 잡아먹는다는 것도 조련사의 중요한 특성이다. 야수의 기능은 낮은 비용으로 대부분의 사고력에 부담을 주지 않지만 조련사는 뇌의 시스템에 막대한 부담을 주고 그런 만큼 많은 에너지를 사용한다.

이는 당연한 얘기다. 야수는 눈앞의 욕망에 따르면 그만이지만 조련사는 복수의 정보에 관해 이런저런 생각을 두루 할 필요가 있다. 어찌 보면 그만큼 수고스럽기도 하다.

이때 조련사는 뇌의 작업기억working memory에 의존하게 된다. 작업기억이란 극히 단기적 기억을 머릿속에 보존하는 뇌기능으로, 처리된 정보의 중간 결과를 일시적으로 보유하기 위해 사용된다. 다시 말해 두뇌의 메모장 같은 것으로 긴 대화를 하고 싶을 때나 쇼핑 목록을 기억해두고 싶을 경우, 암산을 하고 싶은 상황 등에서 빼놓을 수 없다.

들어온 정보를 직렬 처리하려면 이 작업기억을 구사할 필요가 있다. '냉장고에 케이크가 있다'는 정보에서 '먹으면 살이 찐다 → 살이 찌는 것은 싫다 → 참아야겠다'라는 사고의 흐름을 만드는 것은 짧은 시간 동안에 복수의 정보를 일시적으로 보존해서 중간 처리의 결과를 기준으로 최종 결론을 낼 필요가 있기 때문이다.

하지만 안타깝게도 작업기억의 용량에는 한계가 있어서 일시적으로 3~4개의 정보까지만 보존할 수 있다.[7] 예를 들어 '케이크를 먹으면 어떻게 될까?'라는 입력에 대해 '살이 찐다', '걱정된다', '만족한다', '후회한다'라는 4개의 출력이 있을 경우, 그 이상의 처리가 어려워진다.

한편 야수의 동작에는 작업기억이 필요하지 않다. '케이크 → 먹는다', '맹수 → 도망간다'처럼 야수의 반응은 항상 간결해서 복잡한 처리를 하지 않고 즉시 되돌아갈 수 있기 때문이다. 이러한 원리도 조련사를 불리한 상황으로 몰아가는 하나의 원인이 된다.

작업기억에 제약이 있는 이유는 확실하지 않지만 어쨌든 조련사가 커다란 제약 속에서 정보처리를 해야 하므로 아무래도 야수보다 많은 에너지가 필요하다는 것은 틀림이 없다. 집중력을 확보하려면 이렇게 불리한 상황을 극복해서 야수를 이겨야 한다.

세 번째 특성은 힘이 약하다는 점이다

힘이 약하다는 세 번째 특성에 관해서는 더 이상의 설명이 필요 없을 것이다. 순간적인 상황에 대응하는 속도도 느리고 야수에게 맞서기 위해 엄청난 에너지를 사용하느라 최대의 무기인 논리성의 칼날도 약하니 결과는 불 보듯 뻔하다. 아무리 진화의 결과라고 해도 현대인에게 실로 혹독한 결론이라고 말할 수 있다.

집중력 향상을 위한
3가지 교훈

조련사는 야수를 이길 수 없다

지금까지 설명한 것을 바탕으로 집중력을 향상시키는 데 중요한 3가지의 교훈을 얻을 수 있다.

첫 번째 교훈 : 조련사는 야수를 이길 수 없다

두 번째 교훈 : 집중에 숙련된 사람이란 없다

세 번째 교훈 : 야수를 잘 다루면 엄청난 힘을 얻을 수 있다

먼저 명심해야 할 것은 안타깝게도 조련사가 야수에게 이길 수 없

다는 점이다. 흔히 보아온 사실이지만 야수와 조련사의 전력 차이는 너무나 확연한데 그것은 어른과 아이의 차이보다 훨씬 더 크다. 맞붙어 싸우면 일방적 경기로 끝나고 만다. 이러한 사실은 깨끗이 인정할 수밖에 없다. 그리고 그 후가 중요한데 간단한 요령만 배워두려고 해서는 곤란하다. 효과도 없이 결국 불만으로 가득 차고 말 것이기 때문이다. 따라서 먼저 '집중력을 향상시킬 지름길은 없다'는 사실을 머릿속에 염두해둘 필요가 있다.

첫 번째 교훈에서 필연적으로 다음 교훈을 이끌어낼 수 있다. 집중하는 일에 숙련된 사람이란 이 세상에 없다는 것이다. 수많은 성과를 남긴 위인들조차 야수와의 싸움에서 수없이 졌다는 것은 이미 소개한 바 있다. 만일 당신이 지금 집중력 문제로 고민하고 있다 해도 어떻게 생각하면 하는 수 없는 일이다.

야수와 조련사의 싸움은 600만 년에 걸쳐 인류의 머릿속에 새겨진 핵심사항 같은 것이다. 앞으로의 진화에서 조련사가 힘을 얻을지도 모르지만 지금을 살아가는 우리들이 생각할 때는 어쩔 수 없는 일이다. 우리들은 타고난 구식의 운영 체제를 이리저리 맞춰가며 살아가는 수밖에 없다. 그중에는 타고나기를 주의조절이 잘 되는 사람도 있지만 그것은 어디까지나 정도의 문제에 지나지 않는다. 야수와 조련사의 싸움은 모두가 고민하는 사실이고 이 문제에서 자유로운 사람은 없을 것이다.

절망적인 기분에 휩싸인 사람이 있을지도 모른다. 조련사가 이렇게 무력하다면 집중력 향상은 한낱 꿈같은 이야기가 아닌가. 역시 하이퍼포머는 선천적인 재능이 있어야 하고 그와 같은 재능이 없는 우리들은 야수에 이끌려 살아가는 수밖에 없는 것으로 끝이 나버린다.

물론 그렇지는 않다. 정면 승부로는 이길 수 없어도 약자에게는 약자 나름의 전술이 있다. 조련사의 무기인 합리성을 활용해서 때로는 야수를 어르고 달래서 내 편으로 삼고, 때로는 계략을 꾸미며 야수의 허점을 파고드는 전투 방식이다.

이어지는 세 번째 교훈은 야수를 잘 다루면 엄청난 힘을 얻을 수 있다는 것이다. 본래 야수란 우리들에게 해를 끼치고 싶어 하지는 않는다. 원시시대에서 야수의 강력한 힘은 인류를 위험에서 구하고 필요한 열량을 섭취하려는 자극을 주면서 지금의 번영을 이룬 원동력이 되어주었다.

문제가 되는 것은 그런 야수의 힘이 정보가 폭증하는 현대사회에서 기능의 불안정을 가져온다는 점이다. 원시시대에는 없었던 풍부한 음식, 계속해서 위기감을 부추기는 매일의 뉴스, 자꾸만 들여다보게 되는 SNS, 순간의 소유욕에 기쁘게 만드는 인터넷 쇼핑, 근원적인 욕망에 꽂힌 사이버성 인물…. 현대가 낳은 강렬한 자극의 대부분은 모두 야수의 격렬한 반응을 불러일으켜서 당신의 집중력을 붕괴시킨다.

인지심리 연구로 노벨상을 받은 허버트 사이먼은 30여 년 전에 이러한 사태를 예측했었다.

"정보는 받아들이는 사람의 집중력을 소비한다. 따라서 정보량이 늘면 늘수록 집중력은 점점 줄어든다. 그리고 줄어든 집중력을 더욱 배분할 필요가 생겨서 집중력은 결국 쪼그라들어버린다."

불빛에 덤벼들어 죽는 나방처럼 옛날에는 제대로 작동했던 프로그램이 현대에 와서는 오작동의 요인이 된다는 의미다. 그렇다면 우리들이 할 수 있는 것은 단 하나. 야수와 원만한 관계를 유지해서 선천적인 힘을 제대로 이끌어내는 수밖에는 없다. 야수와의 정면 승부는 깨끗이 접고 그 힘을 효과적으로 사용할 방법을 찾는 일이다.

야수를 제대로 덮쳐서 단숨에 제압하라

야수의 힘을 이끌어내는 작업은 홍수 재해 대책과 비슷하다. 일단 강이 불어나 범람하면 우리들은 어쩔 수 없이 전기나 수도가 부서지고 집과 다리가 쓸려나가는 것을 지켜본다. 그 파괴력은 매우 엄청난 힘으로 커져간다. 하지만 그런 사태가 일어나기 전에 길고 높은 제방을 축조하고 상류에 댐을 건설해두면 물의 흐름을 유도할 수 있다. 댐의 저수를 활용해서 수력 발전을 꾀할 수도 있다.

야수와의 교류도 이와 마찬가지다. 사전에 조련사가 유도하는 방법만 잘 만들어두면 야수의 엄청난 힘을 원하는 방향으로 이끌 수 있다. 그러므로 다음 장부터는 과학적인 근거를 바탕으로 야수를 유도하는 기술을 전하려고 한다. 말하자면 '야수를 다루는 방법'이다.

물론 야수의 힘을 마음대로 조종하기란 간단한 작업이 아니어서, 앞서 말한 하이퍼포머의 연구에서도 깊이 있는 집중력을 발휘하면서 일하는 직장인의 수는 전체의 5%에 지나지 않는다는 사실을 언급했었다. 그만큼 야수와의 교류는 어려운 일임에 틀림없다.

하지만 그 정도로 가치가 충분하다는 뜻이기도 하다. 앞에서 언급한 인지심리학자인 허버트 사이먼은 이렇게 지적했다.

"정보량이 급증하는 사회에서는 인간의 집중력이야말로 가장 중요한 자산이 된다."

일상을 살아가며 접하는 정보의 양이 늘면 늘수록 야수는 폭주하기 쉽고 그만큼 우리들의 집중력도 줄어간다. 그런 사회 속에서는 물질도 권위도 아닌 집중력을 갖춘 자야말로 최대의 자산가라고 할 수 있다.

이 책의 내용을 실천한다면 당신은 내재된 야수의 힘을 내 것으로 만들어 현대 사회의 가장 중요한 자산을 손에 넣을 수 있다. 이것이야말로 이 책의 최대 목적이다.

Chap
1

야수에게 먹이를 준다

◆ 뇌의 힘을 높이는 식품보충제와 식이요법 ◆

1

각성 작용을 쉽게 높이는 카페인 섭취법

카페인이 가장 강하다는 연구 결과

야수와 잘 어울리려면 먼저 든든하게 배를 채워두어야 한다. 매일 먹는 식사를 개선해 야수에게 올바른 먹이를 주는 것은 집중력을 높이는 기초가 된다.

서장에서 설명한 것처럼 야수의 선천적인 사명 중 하나는 '음식'을 섭취해 온몸을 적절한 열량과 영양으로 채우는 일이었다. 그러기 위해 올바른 식사를 통해 몸을 든든히 해두지 않으면 야수는 그 외의 다른 일에 정신을 집중할 수 없게 된다.

하지만 그에 앞서 본 장에서는 더욱 손쉬운 방법으로 카페인 사용법을 살펴보기로 한다. 두뇌에 좋다고 광고하는 식품보충제는 세상에 흔하지만 현실적으로는 카페인만큼 효과가 입증된 성분은 없다.

예컨대 합법적으로 집중력을 올려주는 약으로 알려져 한때 유행했던 피라세탐(piracetam, 뇌 손상 환자의 인지력 장애 증상 개선에 처방되는 성분)은 미약한 정도의 효과밖에 인정받지 못했고, 일본에서 인기가 높았던 은행잎 추출물도 가벼운 인지증을 제외하고는 의미가 없어서 일반인이 집중력을 향상시키기 위해 마실 만한 이점은 전혀 없었다.[1]

하지만 카페인은 달랐다. 그 이점은 여러 연구에서 확인되었고 과학계에서도 다음과 같은 의견을 보였다.[2]

- 150~200mg의 카페인을 마시면 약 30분 만에 피로감이 줄고 주의력 지속 시간이 향상된다
- 카페인의 집중력 향상 효과는 기준선에서 5% 전후로 나타난다

미세한 수치의 차이는 있어도 기본적으로는 캔 커피 1개 분량의 카페인을 마시면 집중력이 향상된다는 말이다. 5% 전후의 집중력 향상이라고 하면 별거 아닌 것 같아도 사실 그렇지 않다. 39명의 체스 선수들을 대상으로 행해진 독일의 연구에서는 200mg의 카페인을 마신 선수는 단번에 집중력이 향상되었고 대조군보다 그 비율이 6~8%나 높았다.[3] 이렇게 개선된 수준을 현실의 시합에 적용해보면

체스의 세계 랭킹이 5,000위에서 3,000위로 오른 것에 견줄 만하다. 겨우 몇 퍼센트 차이지만 현실적인 이익은 생각보다 훨씬 크다.

5원칙의 복용법으로 바꾸기만 해도
각성 작용은 최대가 된다!

하지만 카페인은 뇌에 작용하는 힘이 너무 세서 다루는 데에 주의가 필요하다. 주변에서 흔하게 볼 수 있는 것이어서 방심하기 쉬운데 사용법을 잘 알지 못하면 효과가 반감되고 반대로 부작용에 휩쓸리는 경우도 적지 않다.

카페인을 사용할 때에는 다음 사항에 주의해야 한다.

❶ 한 번에 카페인 400mg(캔 커피 2개 분량) **이상을 마시지 않는다**
대다수의 연구에서 카페인의 효과는 300mg을 넘는 정도에서 줄어들다가 400mg 이상에서는 오히려 부작용이 생긴다고 한다. 구체적으로 불안감과 초조함이 증가하고 두통, 단기기억의 저하 등이 나타난다. 카페인의 감수성은 개인차가 커서 일반화는 어렵지만 한 번에 2개 이상의 캔 커피를 마시는 것은 바람직하지 않다.

❷ 커피에 우유나 크림을 넣는다

체질상 카페인에 민감해서 커피를 조금만 마셔도 가슴이 두근거리는 사람이라면 커피에 우유나 크림을 넣는 것이 좋다. 지방 성분에는 카페인 흡수를 누그러뜨리는 기능이 있어서 뇌를 부드럽게 각성시켜준다.[4] 지방 성분이라면 무엇이든 상관없으니 그 외에도 요구르트나 치즈를 블랙커피에 곁들여도 좋다.

❸ 기상 후 90분 이내에는 카페인을 섭취하지 않는다

아침에 잠자리에서 일어나 커피로 잠을 쫓는 사람이 많은데 이것은 집중력 향상의 관점에서 본다면 그다지 좋은 생활 습관은 아니다. 인간의 몸은 오전 6시쯤부터 코르티솔이라는 각성 호르몬이 분비되어 조금씩 눈이 떠지게 되어 있다. 말하자면 천연 알람시계인 셈이다.

그런데도 일어나자마자 카페인을 마신다면 코르티솔과의 각성 작용이 합쳐져서 뇌에 자극이 지나치게 가해지게 되는데 이는 심박수를 상승시켜 초조함, 두통 같은 위험 요소를 증가시키는 부작용이 나타날 수 있다. 보통 코르티솔은 기상 후 90분 정도가 되면 점차 흐려지는 경향이 있으니 커피는 그 이후에 마시는 것이 좋다. 코르티솔의 각성 기능을 방해하지 않고 카페인의 효과를 활용할 수 있기 때문이다.

❹ 미 국방부가 개발한 스케줄 관리서비스 '2B-Alert'를 이용한다

카페인 복용에 가장 고민스러운 것은 섭취량과 시간이다. 첫째, 카페인을 필요 이상으로 섭취하면 뇌에 조금씩 내성이 생겨 효과가 약해진다. 에너지드링크를 계속 마시면 효과가 점차 줄어드는데 이때 각성 작용을 되돌리고자 더욱 많은 양을 마시게 된다. 이 같은 상황은 카페인을 사랑하는 사람이라면 많이 겪어봤을 것이다.

시간도 매우 중요해서 아무 생각 없이 일정한 간격으로 커피를 마시면 역시 카페인의 효과를 얻을 수 없다. 이미 혈중 농도가 최대인 상태에서 카페인을 추가로 섭취하면 몸이 이러한 성분을 다 처리하지 못하기 때문이다. 각성 작용을 최대로 불러일으키려면 카페인의 반감기를 이해하면서 적당한 양으로 늘려갈 필요가 있다.

그때 이용하는 서비스가 '2B-Alert'이다. 이것은 미국의 육군 연구기관이 제공하는 웹서비스로 카페인의 1회 섭취량을 최저한으로 줄이면서 각성 효과를 최대까지 올리기 위해 개발되었다. 카페인에 관한 선행 연구를 조사해 각성 작용을 최대한으로 끌어내기 위한 알고리즘으로 수립한 것이다. 그 정당성을 확인하려고 실험을 실시했는데 '2B-Alert'를 사용한 피검자는 10~64% 범위로 집중력이 올랐으며 더욱이 카페인의 사용량이 65%나 줄었다는 놀라운 결과를 보였다.[5]

'2B-Alert'는 메일 주소만 등록하면 누구나 이용할 수 있다. 사이트에 들어가서 'Sleep schedule'에 전날 밤의 취침 시간과 기상 시간을 입력한다. 그러면 화면 아래 'schedule'란에 카페인을 섭취해야 할 시간대와 분량이 표시된다. 이 알고리즘에서는 개인의 수면부채(睡眠負債, 충분한 수면을 취하지 못해 생기는 건강에 부정적인 누적 효과)의 양을 기초로 최적의 카페인 양을 판단해준다. 이제껏 아무 생각 없이 커피를 마셔온 사람이라면 이제 '2B-Alert'로 가장 적절한 카페인 복용법을 산출할 수 있을 것이다.

❺ 녹차에 함유된 긴장 완화 성분인 '티아민'과 함께 마신다

티아민은 녹차에 많이 함유된 아미노산의 일종이다. 옛날부터 진정 작용이 높은 것으로 유명한 성분이어서 50~200mg을 복용한 뒤 40분 정도 지나면 알파파가 증가해 긴장이 완화되기 시작한다. 요즘 이 티아민과 카페인의 조화가 집중력에 효과가 있다는 주장이 이목을 끈다.

페라데니아 대학의 실험에서 티아민과 카페인을 동시에 복용한 피검자는 카페인만 복용한 집단보다도 4%가량 집중력이 올랐다고 한다.[6] 이 실험은 티아민이 가진 진정 작용이 원인일 것으로 판단했다. 티아민 때문에 카페인의 부작용이 무력화되어 각성 작용만 남은 것이다. 소규모의 실험이었으므로 추가 실험은 필요하지만 집중력을 향상시키고 싶다면 시도해볼 가치는 있다.

실험에 쓰인 성분량은 카페인 200mg, 티아민 160mg이었다. 이

2가지 성분은 녹차에도 함유되어 있는데 실험과 똑같은 효과를 내려면 대략 6~10컵의 분량을 한 번에 마셔야 한다. 불가능한 것은 아니지만 시중에 파는 차로 집중력을 향상시키려는 것은 어려울지도 모른다. 그러므로 실험을 재현하고 싶다면 식품보충제를 이용하는 것이 좋겠다. 카페인과 티아민 모두 캡슐 타입의 제품을 구입할 수 있으니 인터넷으로 검색해서 찾아보기 바란다.

뇌기능이 향상되는
마법의 식이요법

지중해식으로 집중력을 높인다

카페인의 섭취 방법을 알아봤으니 이제 집중력 향상에 효과적인 식사 방법을 살펴보기로 하자. 원래 우리들의 뇌는 적절한 영양이 공급되지 않으면 제대로 기능을 발휘하지 못하기 때문에 올바른 식이요법을 알지 못하면 아무리 훌륭한 심리적 기술을 써도 온전하게 활용할 수 없다.

카페인은 분명 큰 효과가 있긴 하지만 어디까지나 집중력의 후원자로서 기능을 할 뿐이다. 지금부터 소개하는 식이요법을 통해 적어도 2주 동안은 야수에게 적절한 먹이를 줘서 자신의 집중력에 어떠한 변화가 일어나는지를 관찰해본다. 그런 다음 카페인을 적극적으로 사용해 나가도록 하자.

바쁜 현대인들은 식사를 소홀히 하기가 쉽다. 점심시간에는 편의점 도시락이나 패스트푸드로 끼니를 때우고, 일을 하다가 공복감이 느껴지면 간식 따위로 허기를 달랜다. 그리고 집에 돌아가서는 인스턴트식품으로 배를 채우고 마는 하루….

일시적인 공복감은 채워질망정 이런 상태라면 진짜 필요한 영양이 부족해져서 아무리 먹어도 야수의 허기를 달랠 수 없을 것이다. 결국 야수는 연료 부족으로 소중한 힘을 활용할 수 없게 된다.

고대 로마의 철학자인 세네카는 "자립으로의 위대한 첫걸음은 만족스러운 위장에서 시작된다"라고 말했다. 최근에는 '식사와 집중력'에 관한 연구가 활발해져 신뢰성이 높은 보고가 여럿 있다. 그중에서도 흥미로운 것은 디킨 대학에서 실시한 2016년의 계통적 비평이다.[7] 이 비평에서 연구팀은 지중해식 식사에 관한 18건의 연구를 정리해서 '음식의 섭취로 집중력은 높아지는가?'라는 질문에 정확도 높은 해답을 내놓았다.

지중해식 식이요법은 이탈리아와 그리스에서 오래전부터 이어져온 전통식으로 야채, 과일, 어패류, 올리브오일 등을 듬뿍 담은, 패스트푸드나 인스턴트식품을 철저하게 피한 식이요법이다. 구체적인 기본 메뉴로는 통밀로 만든 라자냐와 데친 연어, 페타치즈와 토마토 샐러드 등이 있다.

한눈에 봐도 건강식으로 느껴지는 식이요법인데 그 효과는 신체를 개선하는 것에 그치지 않는다. 먼저 논문의 주요한 결론을 살펴보자.

- **지중해식 식이요법을 철저하게 따를수록 뇌기능이 개선되고 작업기억, 주의력 유지, 자기조절 능력 등이 향상된다**
- **그 효과는 국적, 성별, 연령을 막론하고 확인되었다**

앞서 살펴본 바와 같이 집중력이란 작업기억과 주의력이라는 각각의 능력복합체를 의미한다. 다시 말해 이 연구는 건강한 식사를 하면 누구나 집중력을 향상시킬 수 있다는 결론을 냈다.

물론 여기서 다룬 자료는 모두 관찰 연구여서 반드시 지중해식 식이요법이 집중력에 효과가 있었다고 입증된 것은 아니다. 그 점에서 주의는 필요하지만 뇌기능의 작동이 식사에 좌우되는 것만은 거의 확실하다. '야수에게 무엇을 먹여야 할까?'라는 질문에는 충분한 대답이 될 것으로 생각한다.

뇌의 기초 체력을 만들기 위한 필수 영양소가 있다

음식을 섭취해서 집중력을 향상시키는 원리는 아직 알려지지 않은 점이 많지만 현 시점에서의 과학계는 다음 영양소를 중시하고 있다.[8]

- **철분, 아연, 마그네슘 등의 미네랄**
- **비타민D**
- **엽산, 비타민B12**
- **오메가3지방산**
- **콜린**
- **필수아미노산**
- **S-아데노실메티오닌**

모두가 뇌의 기능에 빠져서는 안 되는 성분으로 이들이 부족하면 우울증에 빠지거나 감정 조절이 어려워져서 우리들의 정신건강에 엄청난 악영향을 미치게 된다. 바른 식사야말로 집중력의 토대가 되는 이유다.

하지만 그저 "뇌가 좋아하는 것을 섭취하라"라고 말해봤자 그 실효성은 낮을 수밖에 없다. 필요한 영양소로 뇌를 채우기 위해서는 더욱 구체적으로 실천하기 쉬운 지침이 필요하다. 이 책에서는 'MIND' 라는 식이요법을 소개하려고 한다. 이것은 'Mediterranean-DASH Intervention for Neurodegenerative Delay'의 앞 글자를 딴 식이요법의 지침으로 번역하면 '신경변성을 늦추기 위한 지중해식과 DASH식이요법'을 뜻한다.

조금 거창한 이름이지만 '뇌기능의 저하를 막기 위해 개발된 식이요법' 정도로 해석하면 좋을 것 같다. 먼저 소개했던 '지중해식 식이요법'을 영양학 관점에서 좀 더 보완해 뇌의 작용을 최대한으로 높이는 것이 특징이다.

'MIND'는 인지기능 저하를 방지하는 요법으로 긍정적인 평가를 얻고 있는데, 예를 들어 러시 대학의 실험에서는 우울증이 11% 개선되었고 알츠하이머의 발병률이 53%나 낮아지는 결과를 보였다.[9] 과학적으로 뇌를 보호하고 싶다면 첫 단계에서 실천해야 할 방법이다.

뇌에 좋은 식사를 공급하는 3가지 지침 'MIND'

'MIND'는 크게 3가지 규칙으로 되어 있다.

① **뇌에 좋은 식품을 늘린다**

② **뇌에 나쁜 식품을 줄인다**

③ **열량 제한은 하지 않는다**

식사량을 줄일 필요 없이 배가 부를 때까지 먹어도 문제가 없다. 뇌에 나쁜 식품도 절대량을 줄여버리면 그만이라 매끼 식사에서 반드시 빼고 먹어야 할 필요도 없다. 'MIND'가 정해준 뇌에 좋은 식품은 64쪽의 〈표1〉과 같은 10가지의 종류로 나눌 수 있다.

일단은 이 식품을 가지고 만든 식사를 계속하는 것이 기본이다. 'MIND'가 권장하는 식재료를 중심으로 먹으면 자잘한 영양소의 균형에 신경 쓰지 않아도 뇌기능에 필요한 성분을 빠짐없이 섭취할 수 있다. 하지만 1식의 양을 가늠하기 어렵기 때문에 실전에서는 자신의 손을 사용해서 대략적인 양을 어림짐작하면 된다. 말하자면 '손저울'인 셈이다.

'MIND'의 1식 기준은 각각 다음과 같다.

- 통곡물 / 베리류 = 한 주먹 크기 정도

- 잎채소 / 그 외의 채소(생채소) = 양 손바닥에 담을 정도

- 닭고기류 / 어패류 = 한 손바닥에 담을 정도

- 너트류 / 올리브오일 = 엄지손가락 크기 정도

표1. 뇌에 좋은 10가지 식품군

종류	예	권장 섭취량	손저울 기준
통곡물	현미, 오트밀, 퀴노아 등	1주일에 21식을 목표로 함 (1일 3식씩, 1식=125g)	한 주먹 크기 정도
잎채소	시금치, 케일, 양상추, 청경채 등	1일 1식을 목표로 함 (1식=생채소는 150g, 조리한 채소는 75g)	양 손바닥에 담을 정도
너트류	호두, 마카다미아, 아몬드 등	1일 1식을 목표로 함 (1식=20g)	엄지손가락 크기 정도
콩류	렌틸콩, 대두, 병아리콩 등	1일 1식을 목표로 함 (1식=60g)	한 손바닥에 담을 정도
베리류	블루베리, 딸기, 라즈베리 등	1주일에 2식을 목표로 함 (1식=50g)	한 주먹 크기 정도
닭고기류	닭고기, 오리고기 등	1주일에 2식을 목표로 함 (1식=85g)	한 손바닥에 담을 정도
그 외의 채소	양파, 브로콜리, 당근 등	1일 1식을 목표로 함 (1식=생채소는 150g, 조리한 채소는 75g)	양 손바닥에 담을 정도
어패류	연어, 고등어, 송어, 청어 등	1주일에 1식을 목표로 함 (1식=120g)	한 손바닥에 담을 정도
와인	주로 적포도주	1일 1잔(150ml)까지. 술을 마시지 못하면 먹지 않아도 됨	-
엑스트라버진 올리브오일	-	조리용 또는 드레싱용으로 사용함	엄지손가락 크기 정도

표2. 뇌에 나쁜 7가지 식품군

종류	제한 섭취량
버터와 마가린	1일 1작은술까지
과자, 간식류	1주일에 5식까지 (1식은 포테이토칩 한 봉지로 상정)
붉은 고기, 가공육	1주일에 400g까지
치즈	1주일에 80g까지
튀김	1주일에 1식까지 (튀김옷을 얇게 입힌 것일 경우)
패스트푸드	1주일에 1회까지
외식	1주일에 1회까지

손저울로 정확한 그램 수를 측정하는 것은 불가능하지만 대략 25% 정도의 적은 오차를 보인다. 많은 연구에서도 'MIND'의 식사량을 70% 정도까지만 지킬 수 있다면 뇌기능의 개선이 가능하다고 보고된 바 있으니 실천하는 데는 문제가 없을 것이다.

〈표2〉는 'MIND'가 정한 뇌에 나쁜 식품이다. 이들 식품은 되도록 섭취량을 줄이는 것이 좋다. 라면이나 햄버거 등을 완전히 끊을 필요는 없지만 1주일에 1회까지로 제한해보자. 또한 'MIND'에서는 특히 식사 시간은 명확히 규정하고 있지 않다. 만일 아침 식사를 하지 않았다면 그대로도 상관이 없고 일이 늦게 끝나서 늦은 밤에 식사를 해도 괜찮다.

매일 정해진 시간에 식사를 하는 것이 가장 좋기는 하지만 강박을 느끼면서까지 얽매일 필요는 없다는 의미다. 여기에서는 뇌에 좋은 식품과 나쁜 식품의 균형을 개선하는 것에 중점을 두길 바란다.

임상 시험 자료에 따르면 'MIND'의 지침을 4~8주 정도 실천하면 뇌기능이 개선되었다고 한다.[10] 음식을 이용해 뇌 기능을 향상시키는 지침으로 활용하도록 하자.

'MIND' 식이요법의 예

◉ **아침 식사**

오트밀에 블루베리와 아몬드를 곁들인다

시금치, 케일, 버섯을 넣은 오믈렛

◉ **점심 식사**

현미

닭고기, 토마토, 대두, 감자류 볶음

케일, 퀴노아, 아몬드, 토마토, 브로콜리 샐러드에 올리브오일과 사과식초를 섞은 드레싱을 곁들인다

◉ **저녁 식사**

으깬 호두를 뿌린 연어 구이

적포도주 한 잔

닭가슴살, 브로콜리, 캐슈넛 샐러드

뇌를 바꾸고 싶다면
식사 일기를 쓰자

기름진 음식에 매달리지 않는 식사 습관

집중력을 향상시키는 데에 효과가 있는 식품을 살펴봤으니 이제 기록에 대해 알아보자. 자신이 'MIND'를 얼마나 실천할 수 있는지 매일 기록을 남겨서 그 성과를 눈으로 확인해보는 것이다. 귀찮게 생각되겠지만 기록을 하는 것과 하지 않는 것으로 'MIND'의 효과는 크게 차이가 난다.

그 예로 셰필드 대학의 연구를 살펴보자.[11] 기록의 효과에 관해 조사한 선행 연구로부터 1만 9,951명의 자료를 통계 처리한 메타분석으로, 과학적인 신뢰성이 높은 내용이다. 연구에서는 '기록으로 건강은 개선되는가?'라는 질문에 중점을 두고 체중 감량, 금연, 식생활의 변화에 주는 영향을 점검했다. 그로부터 알아낸 것은 다음의 2가지로 크게 요약된다.

- **매일의 행동을 기록한 쪽이 건강한 식사량이 늘었다**
- **기록의 횟수는 많으면 많을수록 식습관이 더욱 개선되었다**

매일 몇 가지의 자료를 남기는 것이 틀림없이 성과를 올린다. 통계적인 효과량은 'd+ = 0.40'으로 보고되는데 이것은 심리적인 기법으로는 높은 수치다. 그렇게 기록이 높은 효과를 보이는 것은 야수가 가진 '어려운 것을 싫어한다'는 특성과 관련되어 있다.

알기 쉬운 것을 좋아하는 야수에게 뇌에 좋은 식사를 하라는 지시는 추상적인 것에 지나지 않는다. 또한 가장 큰 문제는 'MIND'는 효과가 나타나기까지 일정한 시간이 걸린다는 점이다. 이러한 사실은 단기적인 시야를 지닌 야수에게 고통스러운 것이어서 '좀 더 간편하게 열량을 섭취할 수 있는 것을 먹는 편이 낫지 않을까?'라거나 '평소에 먹는 것으로 충분하겠지'라는 생각을 불러일으킨다.

더욱이 야수는 장기적인 목표에 흥미를 가지지 못하기 때문에 금방 'MIND'의 목표를 잊고 만다. 조련사가 아무리 "집중력을 향상시키자!"라고 지시를 내려도 야수가 '먹는 걸 왜 바꿔야 하는 거지?'라고 의문을 가지면 그것으로 끝이다. 당신은 머지않아 야수가 이끄는 대로 예전의 식생활로 되돌아가고 말 것이다.

　기록은 이런 문제를 해결해준다. 매일의 행동을 기록에 남기면 자신의 진척 상황을 명확히 알 수 있어서 효과가 나타날 때까지 기다리는 힘을 길러준다. 기록을 하는 동안 야수에게 도달해야 할 목표가 전해져 자꾸 잊어버리는 문제에서 벗어날 수 있다. 'MIND'를 순조롭게 지속할 수 있다면 좋겠지만 몸에 익숙해진 식사 습관을 금방 바꿀 수 있는 사람은 흔치 않을 것이다. 부디 기록의 힘을 삶의 방식에 잘 적용해주길 바란다.

달력에 '잘 지킨 날'을 표시해두자

다음은 구체적인 기록법을 살펴본다. 'MIND'의 효과를 높이는 기록법은 몇 가지가 있지만 대표적인 3가지를 수준에 따라 소개하고자 한다. 기록이라는 작업에 익숙하지 않은 사람은 먼저 쉬운 것부터 시작해보자.

Level 1 ››› 간단한 점검

가장 간단한 것은 MIND의 지침을 지켰던 날에 ○를 표시하는 방법이다. 이렇게만 해도 자신의 현재 위치와 목표를 파악하기 쉽고 야수의 동기부여도 향상된다. 뇌에 나쁜 식품을 먹지 않았던 날에만 표시를 해도 상관없다. 뇌가 좋아하는 영양소를 늘리는 것도 중요하지만 그 전에 뇌에 나쁜 식품을 줄이는 편이 집중력을 올리기에 더욱 쉽다.

또한 많은 자료에는 디지털을 이용하기보다 종이에 손으로 직접 쓰는 것이 효과가 높다는 결론도 나와 있다.[12] 마음에 드는 메모장이나 달력이 있다면 그것을 사용해도 좋다. 다만 그 때문에 기록을 하는 것이 번거로워진다면 차라리 디지털기기를 이용하자. 그때는 'Streaks'나 'Momentum Habit Tracker'라는 기록용 어플을 이용하는 것도 좋다.

Level 2 ››› MIND 점수표

매일의 식사에서 MIND의 지침을 얼마나 잘 지켰는지 채점하는 방법이다. 뇌에 좋은 식품을 섭취하면 플러스, 뇌에 나쁜 식품을 섭취하면 마이너스로 기록해가는 것이다.

점수표에 기록할 때에는 일일이 '이 채소는 몇 그램이지?' 하지 말고 본문 64쪽의 '손저울'을 사용해 '양 손바닥으로 담을 정도의 양상추를 먹었으니 오늘은 됐어'라는 기분으로 채점을 해나간다.

표3. MIND 점수표

뇌에 좋은 식품	점수	뇌에 나쁜 식품	점수
통곡물	+1	버터, 마가린	-3
잎채소	+5	과자, 간식류	-5
너트류	+2	붉은 고기, 가공육	-3
콩류	+3	치즈	-1
닭고기류	+2	튀김	-5
그 외의 채소	+5	패스트푸드	-5
어패류	+4	외식	-3
와인(한 잔 이내)	+1	와인(한 잔 이상)	-3

　　야수는 망각의 동물이어서 언제나 자신이 어떤 식사를 했는지 정확하게 기억하지 못한다. '이번 주는 채소를 많이 먹었으니 건강식을 먹은 거겠지'라면서 나름대로 생각하지만 실제로는 반찬으로 나온 소량의 샐러드만을 과장되게 기억하고 있을 뿐, 간식으로 먹은 감자튀김은 누락시키고 만다.

　　어떤 연구에서는 다이어트 실패로 고민하는 남녀를 모아 매일의 식사를 세세하게 기록하게 해서 조사했다. 그러자 대부분의 참가자가 '나는 하루에 1,200kcal도 먹지 않았다'거나 '과자는 먹지 않았고 채소를 많이 먹었다'라고 대답했음에도 실제로는 본인의 추측보다도 평균 47%나 더 많은 칼로리를 섭취했고 채소량은 51%나 적었다고 한다.[13]

　　당신 안에 내제된 야수는 식사에 관한 정확한 기억을 하지 못하는 데다가 불리한 상황을 아무렇지도 않게 왜곡하는 성질도 가지고 있다. 이 문제를 해결하려면 매일의 식사를 수치로 적어두는 수밖에 없다.

Level 3 ››› MIND 점수표 + 집중력 일지

Level 2의 MIND 점수표에 더해 집중력의 변화도 기록해두는 방법이다. 한 시간마다 자신이 얼마나 집중할 수 있었는지를 돌아보면서 10점을 만점으로 채점해두자. 집중 수준은 주관적으로 판단해서 주변의 상황에 전혀 신경 쓰지 않고 일에 몰두할 수 있었으면 10점으로 계산하고, 일이 전혀 손에 잡히지 않았으면 0점으로 친다. 보통 때처럼 평균적인 집중도였다고 생각하면 5점을 준다.

'주관적으로 판단해도 괜찮은가'라고 생각할지 모르지만 이것은 심리요법의 현장에서도 오래 채용되어온 기술이다. 주관적이라도 어느 정도까지 정확하게 집중력의 변동 상황을 이해할 수 있다고 알려져 있다. 덧붙이자면 필자가 실천했을 때는 엑셀에 입력한 수치를 꺾은선 그래프로 만들었다. 점수만으로도 충분히 도움이 되지만 그래프로 만드는 것이 집중력의 변화를 알기 쉬워서 더 편리하다. 번거롭지 않다면 한번 시도해보기 바란다.

집중력 일지는 적어도 1주일은 계속 써보고 그것과 MIND 점수표를 비교해본다. 여기에서 주목해야 할 것은 MIND 점수표의 수치와 집중력 일지의 대응이다.

'뇌에 좋은 식품을 먹으면 집중력에 변화가 일어날까? 만일 집중력이 향상된다면 그것은 특정한 식품을 먹은 뒤 몇 분 후일까? 뇌에 나쁜 식품을 먹으면 생산성은 향상될까? 떨어질까? 간식을 먹으면 에너지는 솟을까?'

이처럼 2가지의 기록을 몇 번 비교해보면 식사와 집중력의 상관성을 점차 깊이 이해할 수 있게 된다. 이런 이해가 MIND를 실천하는 동기를 제공해준다.

Chap
2

보상의 예감

◆ 뇌내 호르몬을 조절하는 목표 설정의 비법 ◆

죽을 만큼 몰입하는
게임의 집중력

인류의 역사를 혼란에 빠뜨린 주사위, 트럼프, 레어템

2011년 20세의 영국인 남성이 컴퓨터게임을 하다가 의식을 잃고 그대로 사망하는 사건이 발생했다. 저장 기록에 따르면 남성의 게임 시간은 12시간을 넘겼는데 긴 시간 동안 같은 자세로 게임을 계속한 탓이었다. 그 결과 몸속 수분이 줄어서 굳어버린 혈액이 심장부터 이어진 폐동맥에서 막혀 돌연사를 하게 되었다는 것이다.

이와 비슷한 사망 사고로 2002년에는 온라인게임을 86시간 계속한 한국인 남성이 사망했고, 2015년 러시아에서도 22일간 쉼 없이 게임을 한 소년이 쇼크로 사망하기도 했다. 이 모든 사례에서 보았듯이 게임을 하는 사람은 식사와 화장실에 가는 것 이외에는 거의 몸을 움직이지 않아서 하반신에 울혈이 쌓여 목숨을 잃는다고 한다.

사태를 심각하게 받아들인 WHO는 2019년에 '게임장애'라는 질병 분류를 발표하고 일상의 행동에 장해를 불러오는 수준의 게임을 하는 것은 일종의 병이라고 인정했다. 이 결정에는 반론도 적지 않았지만 이제는 각국 기관이 대응에 내몰리는 실정이다.

게임의 옳고 그름은 차치하더라도 이것은 기묘한 현상임에 틀림없다. 서장에서도 언급했듯이 야수의 역할이란 본래 '개체의 유지'에 있어야 했다. 생명을 위협하는 것에서 몸을 보호하고 인류의 번영을 위해 생긴 체계였는데 야수는 어째서 게임을 하는 사람이 목숨을 잃을 만큼 전력을 다하게 했을까? 본래의 목적에서 벗어난 행위에 대해 야수는 어째서 최대한의 힘을 쏟아부은 것일까? 실로 '위험한 집중력'인 셈이다.

이 문제를 살펴보기 위해서 인류가 오락의 발달에 관심을 기울여 온 열정의 역사를 돌아보자. 가장 알기 쉬운 예는 바로 도박이다. 도박의 역사는 오래되어서 고대 로마의 칼리굴라나 네로 황제가 매일 주사위 놀이에 빠져 나랏일이 도탄에 빠졌다는 기록이 남아 있다. 그리고 16세기 이탈리아에서는 포커와 경마가 지나치게 유행한 나머지 주말에만 할 수 있다는 법령까지 만들어질 정도였다.

도박의 마력에 흥미를 가진 카지노 경영자들은 주로 1960년대부터 미국에서 야수의 반응을 불러일으키기 위한 수법을 연구해왔다. 화려한 조명으로 외관을 꾸며 야수의 주의를 끈다. 창문과 시계를 없애서 현실과 단절시킨다. 멋진 음악과 조명으로 기분을 고조시킨다. 무료로 술을 제공해서 조련사의 기능을 틀어지게 만든다. 가끔 큰 성공을 맛보게 해서 희망을 부채질한다. 카지노에 설치된 모든 것들은 야수를 폭주시키기 위해 설계되었다 해도 과언이 아니다. 원래는 인간의 생명을 지키기 위해 생겨난 야수의 힘을 자극에 반응해서 돈을 잃게 만드는 꼭두각시로 바꿔버린 거대한 구조인 것이다.

그리고 카지노의 중독성을 일상 속으로 불러들인 것이 최근의 게임이다. 레벨업의 매력이 가공의 성취감을 불러오고 랜덤으로 나타나는 레어템은 게임을 하는 사람의 기대를 높이고 달성한 만큼 보너스를 제공해서 욕망을 더욱 부채질한다.

교육학자인 윌리엄 배글리는 19세기 초에 쓴 《교육의 기교》에서 집중력을 방해하기 쉬운 대표적인 예로 '재미있는 소설'과 '신나는 친구'를 들었다. 그로부터 100년이 지난 지금, 인류는 상당히 멀리 온 것 같은 느낌이 든다.

게임은 뇌를 기분 좋게 만드는 최강의 과학기술이다!

게임이 지금과 같은 매력을 갖게 된 것은 제작자들이 '게이머들에게 어떤 보상을 제시할 것인가' 하는 문제에 철저하게 파고들었기 때문이다. 세상에 돈을 싫어할 사람은 없을 것이다. 승진을 해서 월급이 오르면 보상을 받는 기분에 기쁜 마음이 드는 것은 당연하다.

하지만 카지노가 진화하는 과정에서 제작자들이 도달한 최종 결론은 '진짜 중요한 것은 보상 그 자체가 아니다'라는 것이다. 생각해볼 필요도 없이 노름판의 주인이 따로 있는 도박만큼 불합리한 것은 없다.

카지노, 경마, 복권 등 대부분의 도박에서는 기대치가 마이너스가된다. 단기간으로 봐서는 크게 돈을 벌기도 하지만 마지막에는 대수법칙(大數法則, 어떤 일을 몇 번이고 되풀이할 경우 일정한 사건이 일어날 비율은 횟수를 거듭하면 할수록 일정한 값에 가까워진다는 경험 법칙)이 작용해서 어떠한 사람이라도 패배를 비켜 가지 못한다.

그럼에도 도박에 몰두하는 사람이 끊이지 않는 것은 돈 그 자체에 매력이 있어서가 아니라 '보상을 해주는 방법'이 뛰어나기 때문이다. 슬롯머신이 사람들의 심리를 고려한 수법은 몇 가지가 있지만 야수에게 가장 큰 영향을 미친 것은 '니어미스near miss 연출'과 '속도감'으로 나눌 수 있다.

'니어미스 연출'은 성공에 거의 근접했다가 실패했을 때 크게 아쉬워하는 것을 의미하며, 게임을 하는 사람에게 '조금만 더 하면 그림이 완성된다!'라고 생각하도록 동기를 부여하는 수법이다. 쓰리세븐(777을 말하며 3개의 슬롯을 각각 3개의 버튼으로 타이밍 맞게 눌러 정지시켜 고득점을 획득하는 슬롯머신의 최고점 상태)의 바로 코앞에서 세 번째 7이 나오지 않는 현상은 도박꾼이라면 익숙하게 겪은 일이다.

그 효과에는 많은 실증적 자료가 있는데 만약 니어미스의 발생률을 높게 설정한 머신을 사용하면 한 사람당 게임하는 시간을 10~20%가량 늘릴 수 있다. 도박을 대상으로 한 실험에 따르면 니어미스 연출을 즐기는 사람의 뇌는 대박을 터뜨린 승자와 거의 같은 수준의 흥분 정도를 보였다고 한다.

다른 하나인 '속도감'도 야수를 북돋우는 중요한 요소다. 대부분의 슬롯머신은 한 판에 몇 초밖에 안 걸리는데, 그러는 동안에도 조금씩 배당을 해준다. 이 속도감으로 게임을 반복하면 야수는 반사적으로 '조금만 더 하면 보상이 주어진다!'라고 생각하기 시작해 추진력이 급격히 향상된다. '조금만 더'가 계속 쌓이다 보면 결국 마지막에는 수십 시간 동안 카지노에 매달려 있는 자신을 만나게 된다. 이러한 슬롯머신의 수법으로 알 수 있는 것은 야수가 가장 강하게 반응하는 것은 보상 그 자체가 아니라 '보상의 예감'이라는 사실이다.

물론 보상의 액수가 적은 것보다는 많은 것이 좋은 건 틀림없지만 그것만으로 야수를 동요시킬 수 없다. '조금만 더 하면…', '이제 곧 손에 잡힌다'라는 생각이 들게끔 만드는 '보상의 예감'이야말로 야수에게 최강의 힘을 발휘하게 하는 것이다.

이런 특성은 야수가 태어난 원시시대에 만들어졌다. 수백만 년 전에는 아무 생각 없이 그저 눈앞의 보상에 달려들수록 살아남기에 유리했기 때문이다. 가령, 수십 킬로 앞에 큰 무리의 먹잇감이 있더라도 눈앞에 작은 동물 한 마리가 있으면 그것을 먼저 사냥하는 쪽을 선택했다. 비록 큰 무리를 놓치게 되더라도 한 마리를 확실하게 잡는 것이 당장의 허기를 면하는 데는 더 중요했기 때문이다.

그런 환경에서 진화한 야수의 마음속에는 '바로 손에 넣을 수 있는 보상에 전력을 다해야 한다'라는 프로그램이 깔리게 되었다. 효율성의 종류나 많고 적음에 구애받지 않고 단지 '보상의 예감'에 재빠르게 반응하는 무의식의 기제가 그것이다.

제2장에서는 '보상의 예감'을 자기 관리 하에 둘 수 있는지의 여부에 초점을 맞췄다. 카지노나 게임처럼 다른 사람에 의해 '보상의 예감'이 조작되는 것이 아니라 당신이 야수를 조절하는 권한을 쥐어야 한다. 그것을 위한 상세한 요령은 무수히 많지만 기본적인 전략은 단순하다.

① 도움이 되는 '보상의 예감'을 늘린다

② 쓸데없는 '보상의 예감'은 줄인다

당신이 정한 목표 달성에 도움이 되지 않는 보상은 되도록 멀리하고 목표에 근접한 보상만을 취한다. 당연하게 들리는 말이지만 이 2가지를 성실하게 소화해내는 것이 성공의 지름길이다.

2

일을 미루게 만드는
2가지 요소

도움이 되는 '보상의 예감'을 늘리는 방법을 살펴보자. 일을 미루는 심리 연구로 유명한 칼튼 대학의 티모시 피첼 교수는 지난 2000년에 학생을 대상으로 한 여러 연구에서 집중력을 유지할 수 없는 사람에게서 보이는 2가지의 커다란 특징을 확인했다.[1]

① **성과 없는 일**
② **난이도 설정의 실패**

첫째로 '성과 없는 일'이란 '이 작업을 왜 하고 있는 것일까?', '이 일로 무엇을 얻을 수 있나?' 등의 무의식적인 질문이 쏟아지게 되는 일을 말한다. 보상 자체에 의미를 느낄 수 없다면 에너지가 솟아나지 않는 것은 어쩌면 당연한 일일 것이다. 알다시피 일의 내용이 복잡화하는 현대사회에서는 의미를 깨달으면서 일을 하는 사람은 많지 않다.

어떤 대규모 조사에서는 보람을 느끼면서 일하는 사람의 수는 전체 노동자의 31%밖에 되지 않는다고 한다. 목적을 알지 못하면서 시간만 채우는 회의, 구체적인 프로젝트와 상관없는 결제, 어떤 의미가 있는지 확실하지 않은 서류 등에 싸여 일을 계속하다 보면 누구라도 동기를 잃는 것이 당연하다. 만일 해당되는 것이 있다면 반드시 수정해야 할 사항이다.

두 번째인 '난이도 설정의 실패'는 일의 어려움이 자신의 능력에 맞는지 살펴보아야 한다는 뜻이다. 이 문제를 해결하려면 재미있는 게임처럼 한 판을 깰 때마다 조금씩 난이도가 오르게 해야 한다. 갑자기 일생일대 수준의 적이 등장하면 맞붙어 싸울 수 없으며 반대로 최약체만 등장하는 시시한 게임을 끝없이 즐기고 싶지도 않을 것이다. 눈앞의 작업이 알맞은 난이도에 설정돼 있지 않으면 야수는 역시 움직여주지 않는다.

이 점에 참고가 되는 것이 컬럼비아 대학에서 2016년에 실시한 연구다. 연구자는 피검자에게 스페인어 단어를 외우도록 지시하고 이때 단어의 난이도를 '어렵다', '어떻게든 외울 수 있을 것 같다', '쉽다'와 같이 3가지로 구분했다.[2]

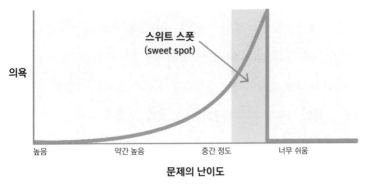

그림1. 집중력 향상 구역

그런 다음 공부할 때의 집중력 수준을 측정했더니 결과는 '어떻게든 외울 수 있을 것 같다'는 단어를 공부한 집단이 가장 좋은 성적을 보였다. '어렵다'는 단어를 배운 집단이 두 번째였고, 집중력이 가장 낮았던 것은 '쉽다'는 단어를 배운 집단이었다. 아마도 작업의 난이도가 너무 높거나 낮아도 우리들의 집중력은 낮아진다는 의미가 아닐까 싶다.

이것은 '집중력 향상 구역'이라고 불리는 현상으로 난이도에 의해 집중력이 〈그림1〉처럼 바뀌는 것을 말한다. 가장 높은 집중력을 유지하려면 난이도를 스위트 스폿(sweet spot, 최적의 타구점)에 두어야 할 것이다.

맞지 않는 난이도의 일을 만나면 야수는 다음과 같이 반응한다.

- 너무 어려운 경우 = 열심히 해도 보상이 주어지지 않을 것 같아서 방치한다
- 너무 쉬운 경우 = 언제라도 보상을 얻을 수 있을 것 같아서 방치한다

두 경우 모두 야수는 의욕을 잃고 결국 집중력은 사라지고 만다. 연구팀은 "학생의 집중력이 유지되지 못하는 원인은 능력 부족이 아니다. 난이도의 설정을 잘못했기 때문이다"라고 말한다. 반대로 말하면 '집중력의 저하'는 작업의 난이도가 적당하지 못했다는 것을 가리키는 야수로부터의 메시지라고 할 수 있다.

성취감에 중독되는
작업 관리법

보상감각 플래닝 #1 기본 설정

성과 없는 일과 난이도 설정의 실패는 모두가 어려운 문제지만 옛날부터 많은 심리학자들이 밀도 있는 해답을 몇 가지 내놓았다. 본 장에서는 현시점에서 효과가 확실한 대책을 한 가지로 정리해 '보상감각 플래닝'이라는 평가표로 바꿔보았다.

이 표에서 사용한 방법은 1970년대부터의 연구에서 축적된 엄청난 양의 자료에서 특별히 효과가 큰 것만을 엄선한 것이다. 순서를 따라 자연스럽게 '보상의 예감'이 최적화되도록 만들었다. 말하자면 과학이 인정한 집중력 향상을 위한 대표적인 방법인 셈이다.

표4. 보상감각 플래닝 기본 설정표

1. 목표 정하기	Q. 아무리 노력해도 집중력이 유지되지 않는 일 중에서 자신에게 가장 중요한 것을 선택해 적어둔다.
2. 목표의 가치 확인하기	Q. 위의 목표를 달성해야 하는 이유를 생각하고 가장 중요한 것을 하나만 써놓는다.
3. 이미지로 구체화하기	Q. 1단계에서 선택한 목표를 좀 더 구체적이면서 머릿속에 영상을 떠올리기 쉬운 내용으로 바꿔준다.
4. 역순으로 계획하기	Q. 1단계에서 선택한 목표를 '달성한 미래'에서 현재로 거슬러오는 형태로 몇 가지 중간 목표를 세운다.
5. 일일 과제 설정하기	Q. 4단계에서 세운 중간 목표 중에서 마감이 가장 가까운 것을 선택한 뒤 그것을 달성하기 위해 매일 해야 할 일을 몇 가지 생각한다.

이제부터 각 항목의 기입법과 각각의 과학적인 근거를 설명하고자 한다. 최초의 기본 설정에서는 집중력이 생기지 않는 일의 의미와 가치를 사전에 확인해두고 매일 해야 할 일을 압축해 적는다.

❶ 목표 정하기

아무리 노력해도 집중력이 유지되지 않는 일 중에서 자신에게 가장 중요한 것을 선택해 적어둔다. '기획서 작성' 같은 일은 물론, '운동을 조금 더 한다'거나 '식사의 개선'과 같은 일상의 목표라도 상관없다.

'금방 딴 데 정신이 팔린다…. 이유는 모르겠지만 손을 놔 버린다…. 왠지 하고 싶은 생각이 들지 않는다…' 이런 생각이 드는 일들 중에서 1개를 선택해둔다.

❷ 목표의 가치 확인하기

위의 목표를 달성해야 하는 이유를 생각하고 가장 중요한 것을 하나만 써놓는다. 가령, '기획서 작성'이라는 목표의 경우, 사람에 따라 '회사에 공헌한다'는 것이 가장 중요한 이유일지도 모르고, 어떤 사람은 '돈을 버는 것이 목표다'라거나 '사내에서의 평가를 높인다'라는 것이 이유일지도 모른다. 어떤 이유라도 상관없으니 자신의 기분에 충실히 솔직하게 적는다.

이것을 심리요법의 세계에서는 '가치를 기준으로 한 목표 설정'이라고 부르는데, 카운슬링의 현장 등에서 환자의 동기부여를 위해 사용되고 있다. 사전에 목표의 가치를 확인하고 성과가 없는 일의 악영향을 완화시키도록 하자.

❸ 이미지로 구체화하기

1단계에서 선택한 목표를 좀 더 구체적인 이미지로 변환한다. 되도록 머릿속에 영상을 떠올리기 쉬운 내용으로 바꿔준다.

목표) 기획서를 작성한다
⇓
변환) 기획서를 상사에게 제출하고 한숨 돌리며 영화를 보러 간다

목표) 매일 운동을 하러 간다
⇓
변환) 매일 운동을 해서 체력을 키우고 항상 맑은 정신으로 일을 소화해낸다

이 단계는 '야수는 추상적인 것을 이해하지 못한다'는 약점을 보완하기 위한 것이다. 목표가 추상적일수록 야수는 현실감을 느끼지 못해 아무리 노력해도 의욕이 생기지 않는다.

구체화의 효과를 나타내는 예로는 캘리포니아에 있는 병원을 대상으로 했던 연구가 유명하다.[3] 이 연구에서는 병원의 목표 설정을 두 팀으로 나눠 진행했다.

① 모든 환자에게 최고의 진료를 한다는 추상적인 목표를 설정
② 모든 환자가 친구에게 "이 병원은 최고야"라고 칭찬하고 싶도록 진료한다는 구체화하기 쉬운 목표를 설정

그리고 각 병원의 업적을 조사했더니 결과는 예상대로였다. 구체화하기 쉬운 목표를 설정한 병원일수록 직원들의 집중력이 높아졌고 환자들의 만족도도 현저하게 높아졌던 것이다.

구체화를 하려면 2가지 요점에 주의해야 한다.

① 전문 용어를 사용하지 않는다

'지속가능성이 높은 사회를 만들자'라는 식의 말보다는 '하이브리드 자동차를 많이 생산하는 사회를 실현하자'처럼 구체적인 표현을 사용한다. 전문 용어 문제만이 아니라 문장을 읽어도 금방 의미를 파악할 수 없는 글쓰기는 피한다.

② 숫자를 사용하지 않는다

'1년 동안 체중을 10kg 줄인다'라는 표현보다는 '20대에 입던 바지를 입을 수 있도록'이라는 표현이 효과가 높아진다. 물론 자신의 성취감을 알기 위해서는 숫자도 중요하지만 이 단계에서는 어디까지나 구체성을 중시하도록 한다.

❹ 역순으로 계획하기

이 단계에서는 목표 달성 도중의 중간 목표와 기일을 설정한다. 이때 중요한 것이 현재에서 미래를 향해 계획을 세우는 것이 아니라 최종의 목표를 떠올리면서 현재로 거슬러오는 형태로 단기 목표를 세우는 것이다.

목표 이미지) 기획서를 상사에게 제출하고 한숨 돌린다

⇓

역순 계획) 기획서를 내기 1일 전에 문장을 고친다 → 3일 전까지 문장을 작성한 다 → 5일 전까지 해결책을 내놓는다 → 7일 전까지 조사를 끝낸다

목표 이미지) 매일 달리기를 해서 체력을 키운다

⇓

역순 계획) 3개월 후까지 총 100km를 달린다 → 1개월 후까지 총 25km를 달린 다 → 14일 후까지 총 10km를 달린다

몇 단계의 중간 목표를 세워야 하는지에 관한 기준은 없지만 대략 최종일까지 3~5단계의 안내판을 세우는 것이 일반적이다. 목표 달성까지 1년 이상이 걸릴 것 같은 경우는 두세 달 간격으로 작은 목표를 세운다.

중간 목표의 효과는 설명할 필요가 없을 것이다. 명확한 기한을 정하지 않으면 추상적인 것을 싫어하는 야수가 반발해서 추진력은 저하될 것이 틀림없다. 또 최종 목표로부터 시간을 거슬러오는 요소를 끼워 넣으면 또 다른 효과가 나타난다. 추상적인 것을 싫어하는 야수의 문제점이 어느 정도 완화되는 것이다. 눈앞의 보상에만 흥미를 가지는 야수에게 '먼 미래'는 구체성을 잃은 희미한 개념에 지나지 않는다. 마감이 목전에 닥쳐야만 집중력이 생기는 사람이 많은 이유는 '먼 미래'의 추상성에 야수가 흥미를 보이지 않기 때문이다.

그렇기에 현재에서 미래로 중간 목표를 설정해놓으면 야수는 마치 미래가 멀어지는 느낌에 의욕을 상실해버린다. 그러나 미래에서 현재로 시간을 거슬러 목표를 설정하는 경우는 야수가 흡사 보상이 눈앞에 다가온 것처럼 착각을 하고, 그 결과 추진력이 향상될 수 있다.

몇 가지 자료에 따르면 '역순 계획'은 복잡한 목표에 적용하는 것이 효과를 얻기 쉽다고 한다.[4] 자격시험 준비나 대규모 프로젝트의 진행, 식습관의 개선 등 달성까지 갈 길이 먼 일에 이용해보자.

❺ 일일 과제 설정하기

역순으로 계획한 중간 목표 중에서 마감이 가장 가까운 것을 선택한 뒤 그것을 달성하기 위해 매일 해야 할 일을 몇 가지 생각한다.

중간 목표) 7일 전까지 조사와 분석을 끝낸다
⇓
일일 과제) 그 일에 전문가인 사람에게 묻는다, 관련 사이트에서 필요한 자료를 모은다, 수집한 자료를 읽어서 이해한다 등

중간 목표) 14일 후까지 총 10km는 달린다
⇓
일일 과제) 러닝머신으로 1km 달린다, 늘 가던 코스를 2km 달린다 등

목표까지의 작업을 세세하게 나누는 것은 업무 관리의 기본이다.

어디까지 상세한 단계로 나눠야 하는지에 관한 과학적인 합의는 없지만 대략 몇 분에서 1시간으로 끝내는 수준을 지향하는 것이 좋다.

기본 설정은 이것으로 충분하다. 이 평가표는 한 번 쓰고 마는 것이 아니라 프로젝트의 진행 상태에 따라서 정기적인 수정이 필요하니 주의하기 바란다. 그중에서도 '일일 과제 설정'은 자주 수정해야 할 수 있다. 집중력이 없는 사람의 다수는 이 단계에서 세분화 수준에 오류를 범하는 경우가 종종 눈에 띈다.

그럴 때는 일단 '일일 과제 설정'으로 돌아가 한 가지의 과정을 더욱 세분화해보자. 만일 '기획의 개요를 항목별로 쓴다'라는 작업에 집중을 할 수 없으면 '자료에서 사용할 만한 정보를 추린다 → 추린 정보를 항목별로 써서 정리한다'처럼 한 가지의 일을 두세 가지로 분리하는 것이다. 일을 세분화할수록 작업의 난이도는 낮아지고 그만큼 야수도 '보상의 예감'을 유지하기 쉬워진다. 여러 번 조정을 해서 가장 적합한 난이도를 찾아내길 바란다.

보상감각 플래닝 #2 실천 설정

여기에서는 '기본 설정'의 5번 항목으로 적은 일일 과제를 실천에 옮

기기 위한 작업을 하기로 한다. 몇 분에서 몇 시간 정도로 끝낼 수 있는 단시간의 일만 취급하므로 이 평가표는 매일 이용할 수 있다.

❶ 일일 과제 선택하기

기본 설정에서 생각한 '일일 과제' 중에서 그날 해야 하는 일이나 길어도 두세 시간 안에 끝낼 수 있을 만한 일만 범위를 좁혀서 3~5가지 정도 골라낸다. 일일 과제는 여러 가지를 선택해도 좋지만 너무 많으면 야수가 혼란을 일으키고, 제1장에서도 언급한 바와 같이 조련사는 3가지 이상의 정보를 한꺼번에 처리할 수 없다. 어쨌든 하루의 작업은 최대 5가지 이내로 줄이고 시간이 남으면 그때마다 추가하면 된다.

❷ 방해 요소 체크하기

선택해둔 일일 과제를 실천할 때 발생할 만한 문제를 써둔다. 가령 러닝머신으로 1km를 달린다면 '업무에 지쳐서 하고 싶은 마음이 없다'거나 '텔레비전을 보게 된다' 등 목표에 방해가 되는 것들을 적어도 한 가지쯤은 생각해보자. 그런 방해 요소가 생각나지 않을 때에는 다음의 질문에 대한 해답을 생각해보기 바란다.

- **어떤 생각이 목표 달성을 방해하고 있을까?**
- **어떤 행동이 목표 달성을 방해하고 있을까?**

- **어떤 버릇이나 습관이 목표 달성을 방해하고 있을까?**
- **어떤 확신이 목표 달성을 방해하고 있을까?**
- **어떤 감정이 목표 달성을 방해하고 있을까?**

이 단계에서 사용하는 것은 '심리대조'라고 부르는 방법이다. 20년에 걸친 자료의 축적으로 만들어진 기법으로 목표에 몰두하는 추진력을 높이고 작업의 집중력을 향상시킨다. 그 효과는 놀랄 정도여서 그냥 목표를 세울 때에 비해 목표 달성도의 상승률은 200~320% 이상이나 되었다.[5] 간편함에 비해 상당히 효과적이다.

심리대조가 이렇게 효과적인 것은 야수가 뇌내의 이미지와 현실을 구별하는 데에 서툴다는 특징을 가졌기 때문이다. 야수는 눈앞에서 일어나는 현실과 뇌내의 정보를 같은 것으로 취급해 양자 사이에 명확한 구별을 하지 못한다.

이 특징은 집중력 향상에 있어서 '양날의 검'인 격이다. 긍정적인 측면으로는 물론 동기부여의 향상이다. 앞서 설명한 것처럼 야수는 구체적인 이미지에 강하게 끌리는 면이 있어서 그만큼 에너지가 솟아나기 쉽다. 하지만 다른 한편으론 구체적인 이미지를 접한 야수는 다음과 같이 생각해버릴 위험성도 낳는다.

'이미 목표를 달성했으니 아무것도 안 해도 되겠지'

목표까지의 여정을 자세하게 상상한 탓에 야수가 이미 목표를 달

표5. 보상감각 플래닝 실천 설정표

1. 일일 과제 선택하기	Q. 기본 설정에서 생각한 일일 과제 중에서 그날 해야 하는 일이나 길어도 두세 시간 안에 끝낼 수 있을 만한 일만 범위를 좁혀서 3~5가지 정도 골라낸다.
2. 방해 요소 체크하기	Q. 선택한 일일 과제를 실천할 때 발생할 만한 문제를 써둔다.
3. 방해 요소 차단하기	Q. 전 단계에서 상정했던 방해물에 대해 당신이 취할 수 있는 대책을 생각해 적어본다.
4. 질문형 행동 설정하기	Q. 처음 단계에서 선택한 일일 과제에 관해 각각 질문형 행동을 설정한다. 일일 과제 내용을 다음의 형식으로 변환한다. 〔자신의 이름〕은 〔시간〕에 〔장소〕에서 〔일일 과제〕을 할까?
5. 현실 이미지화하기	Q. 4단계의 질문형 행동을 달성하기까지의 과정을 되도록 사실적으로 머릿속에 그려본다.
6. 시각적 리마인더 설정하기	Q. 4단계의 질문형 행동을 떠올리게 하는 것을 시선이 머무는 장소에 둔다.

성한 듯이 착각해버리는 것이다. 심리학적으로는 '낙관적인 사고의 함정'으로 불리는 상태로 역시 야수의 반응이 긍정적일지 부정적일지는 사전에 파악할 수 없다.[6] '이상적인 미래를 그리자!'거나 '어쨌거나 자신감을 갖자!'라는 자기계발류의 조언이 실패로 끝나기 쉬운 것도 같은 흐름이 작동하기 때문이다.

심리대조는 이 문제를 해결해준다. 의도적으로 문제의 발생을 구체화한 덕분에 야수는 '아직 목표에 도달하지 못했구나' 하고 인식하고 그로 인해 이전에 추구했던 동기를 되찾아주기 때문이다. 긍정적인 사고를 할 때에는 반드시 부정적인 사고를 함께 묶어서 생각하는 것이 좋다.

❸ 방해 요소 차단하기

전 단계에서 상정했던 방해물에 대해 당신이 취할 수 있는 대책을 생각해 적어본다.

방해물) 스마트폰의 알림 소리에 정신을 빼앗긴다
⇓
대책) 스마트폰의 알림 기능을 전부 꺼놓는다

방해물) 왠지 의욕이 생기지 않는다
⇓
대책) 일단 5분만이라도 일에 착수해본다

방해물) 운동하러 가는 것을 빼먹었다

⇓

대책) 운동을 빼먹으면 친구에게 벌금을 내기로 미리 정해둔다

이 단계는 심리대조를 보충하기 위한 것이다. 슬롯머신의 예에서 보았듯이 야수는 일이 순조롭게 진행되는 상태를 매우 좋아한다. 목표를 향해 자잘한 성취감을 그때그때 맛보지 못하면 바로 의욕을 상실하고 만다. 말하자면 야수의 추진력을 유지하려면 문제 발생을 상정해둘 필요가 있지만, 그 방해물이 정작 현실이 되면 이번에는 야수의 기분이 틀어져버릴 가능성이 있다는 의미다.

이런 사태를 막으려면 문제의 예상과 대책을 함께 생각해두어야만 한다. 매우 번거로운 작업일 수 있지만 어쩔 수 없다. 야수를 바르게 돌보려면 그만큼의 수고가 필요한 법이다.

❹ 질문형 행동 설정하기

처음 단계에서 선택한 '일일 과제'에 관해 각각 질문형 행동을 설정한다. 일일 과제의 내용을 다음의 형식으로 변환해보기 바란다.

• 〔자신의 이름〕은 〔시간〕에 〔장소〕에서 〔일일 과제〕를 할까?

구체적인 예를 들어보자.

일일 과제)   기획서의 문장을 고친다

⇩

질문형 행동) ◯◯◯은 오전 9시에 회사 자신의 자리에서 기획서 수정을 할까?

일일 과제)   2km 달리기를 한다

⇩

질문형 행동) ◯◯◯은 오후 7시에 헬스클럽에서 2km 달리기를 할까?

자신의 이름은 성과 이름을 다 써도 상관없고 익숙한 별명이 있다면 그것을 써도 좋다. 어쨌든 자신에게 하는 질문형이면 된다. 굳이 일을 질문 형식으로 바꾼 것은 '질문-행동 효과Question-Behavior Effect'라고 불리는 심리 현상을 토대로 한 것이다. 이름 그대로 선언문으로 표현하는 것보다 질문형으로 묻는 것이 영향력이 크다는 사실을 표현한 전문 용어다.

이것은 과거 40년 동안 여러 번 타당성이 확인된 기법으로, 51건의 선행 연구를 모은 메타분석에는 '선언문보다 질문형 문장이 행동을 바꾸는 힘을 가졌고 그 작용은 6개월이 지나도 계속된다'라고 보고되어 있다.[7] 그 효과는 의심할 여지가 없다.

'질문형 행동'으로 집중력이 향상되는 이유는 질문형이 야수에게 호소하는 힘이 강하기 때문이다. 가령, '내일은 달리기를 한다'라는 문장을 보았을 때 야수는 문장의 의미를 이해는 하지만 '자신의 일'로 받아들이지는 못한다. 그만큼 문장이 완결되어 있어서 받아들이는 상대에게 작용하는 힘이 약하기 때문이다.

그러나 '내일은 달리기를 할까?'라는 질문형은 상대의 행동을 독려하는 요소가 숨어 있다. 때문에 질문을 받은 야수는 반사적으로 대답을 찾기 시작하고 당신이 의식하지 못하는 동안에 '내일의 달리기'는 자신의 일로 전환된다. 또한 일일 과제에 시간과 장소를 설정하는 것은 '실행의도implementation intention'라는 기법이다. 특정한 일에 관해 언제, 어디서, 어떻게 실행할 생각인지 적는 기법으로 수백 건의 연구를 통해 효과가 실증된 잘 알려진 요령이다.

94건의 선행 연구를 조사한 메타분석에 따르면 실행의도는 목표 달성에 d+ = 0.65의 효과량을 가진다고 한다.[8] 이제껏 설명해온 요령과 비교해도 매우 높은 수준의 수치다.

일일 과제에 시간과 장소를 정해두지 않으면 야수는 자신이 행동을 해야 하는 순간을 알아차리지 못하고 실천을 되도록 미루려고 한다. '언제 어디에서'를 모르는 작업이란 야수에게는 추상성이 너무 높은 일이기 때문이다. 이 문제를 해결하기 위해서도 모든 일일 과제에 반드시 '실행의도'를 설정해두어야 한다.

❺ 현실 이미지화하기
질문형 행동을 달성하기까지의 과정을 되도록 사실적으로 머릿속에 그려본다.

질문형 행동) ○○○은 오후 7시에 헬스클럽에서 2km 달리기를 할까?

⇩

현실 이미지화) 현관에서 운동화를 꺼내는 나 → 근처의 편의점 앞을 지나 헬스클럽으로 향하고 있는 나 → 헬스클럽의 러닝머신에서 시속 6km를 설정해 달리는 나

질문형 행동) ○○○은 오전 9시에 회사 자신의 자리에서 기획서 수정을 할까?

⇩

현실 이미지화) 필요한 자료 파일을 1개의 폴더에 모으는 나 → 늘 사용하던 에디터를 켜서 포맷을 여는 나 → 개요를 눈으로 쓱 훑는 나 → 문장을 수정하는 나

이 단계는 특별히 써둘 필요가 없다. 중요한 것은 얼마나 구체적으로 과정을 상상할 수 있는지의 여부다.

'해가 질 무렵에 운동화가 든 가방을 들고 밖으로 나가 신간 잡지가 진열된 밝은 편의점 앞을 지난 뒤 헬스클럽으로 향한다. 문을 열고 들어가 탈의실의 전용 보관함에 가방을 넣고 늘 이용하던 러닝머신에 올라 달리기 시작한다….'

목표까지의 단계를 머릿속에 구체적으로 그릴수록 집중력 효과는 높아진다. 사실적인 이미지화 덕분에 야수가 목표까지의 순서를 간단히 이해할 수 있고 단순히 일을 써내려가는 것보다 추진력을 더욱 쉽게 발휘할 수 있기 때문이다.

26건의 선행 연구를 모은 메타분석에 따르면 실행의도에 현실 이미지화를 합치면 목표 달성율은 효과량 'd+ = 0.23'의 수준으로 향상된다고 한다.[9] 극적인 효과라고는 할 수 없지만 충분히 높은 수치다.

어디까지 명확하게 상상하는지는 각자가 다르겠으나 구체화의 자세함이 세세해질수록 집중력은 더욱 향상된다. 러닝머신에서 달릴 때 발바닥의 감각이나 기획서를 작성하는 도중에 들리는 주위의 소음 등 오감으로 달려드는 정경을 자세하게 머릿속으로 떠올려보길 바란다.

❻ 시각적 리마인더 설정하기

마지막으로 확인하는 차원에서 리마인더를 설정한다. 야수는 눈앞에 있는 것에만 반응을 하기 때문에 정기적으로 '질문형 행동'을 떠올려주지 않으면 금방 잊어버리고 만다. 리마인더의 기법은 아무것이나 상관없지만 스마트폰의 어플을 사용해도 좋고 수첩에 적어도 괜찮다. 그보다 중요한 것은 리마인더를 항상 시선이 닿는 장소에 두는 일이다.

서장에서도 살펴본 바와 같이 야수의 주의는 쉽게 산만해진다. 일을 하고 있다가도 갑자기 인터넷에서 발견한 연예인의 사진에 주의를 빼앗겨 자기도 모르게 이름을 검색하고 위키백과 따위를 읽다 보면 한 시간이 훌쩍 지나버리는…. 매우 익숙한 상황이지만 이러한 문제를 해결하는 묘책은 없으니 항상 리마인더를 시선이 닿는 곳에 두는 수밖에 없다. 즉, 리마인더는 작업의 시작을 알리는 역할보다 일단 정신이 팔리는 야수의 주의를 끄는 역할이 더욱 중요하다.

그 점에서 스마트폰의 리마인더나 일정 관리 어플 등은 항상 눈에 띄는 곳에 보이게 둘 수 없는 것이어서 야수의 주의를 집중시키는 데 사용하기는 어려울 것이다. 필자의 경우에는 캘린더 어플에 '질문형 행동'을 등록해서 작업용 모니터 아래에 표시해두었다.

디지털 기기를 사용하고 싶지 않을 때에는 '보상감각 플래닝 실천 설정표'를 눈에 띄는 장소에 두는 것도 좋다. 만일 작업 중 다른 곳에 정신이 팔려도 질문형 행동의 문장이 눈에 들어오면 야수는 본래의 작업으로 되돌아가기 쉬워진다.

그와 동시에 강조하고 싶은 것은 '시각적 요소'다. 문장만으로 된 리마인더도 나름의 효과는 있지만 시각에 호소하는 요소를 배치하면 효과는 더욱 높아진다. 이것은 하버드 대학이 검증한 요령으로 연구팀은 우선 피검자에게 '문장만으로 된 리마인더'와 '토이스토리 캐릭터를 곁들인 리마인더'를 제시했다. 그런 다음 설문지 작성을 잊지 않도록 한 결과 양 집단은 커다란 차이를 보였다.[10]

문장으로만 된 리마인더를 사용한 집단의 업무 달성률이 78%인데 반해 캐릭터를 곁들인 리마인더를 사용한 집단은 92%의 작업을 달성했다.[10] 문자형 리마인더는 추상성이 높아서 야수가 내용을 이해하는 속도가 느려진다. 반면에 알기 쉬운 그림은 야수의 주의를 끌기 쉬워서 정신이 다른 곳에 팔렸다가도 업무로 복귀하기 쉽다. '시각적 요소'의 내용은 무엇이든 상관없다. 좋아하는 캐릭터, 사랑하는 반려동물의 사진, 마음에 드는 그림 등을 자유롭게 선택한다.

보상감각 플래닝 #3 간이표

보상감각 플래닝은 수 주에서 수년에 걸친 중장기 목표를 달성하기 위한 테크닉이다. 마지막까지 지키면 확실히 집중력은 향상되겠지만 단기적인 작업 계획을 세우는 데는 번거로울 수 있다. 내일까지 서류를 급히 작성해야 할 때는 조금 더 간결한 유형을 사용하는 것이 좋다.

❶ 이상 이미지화하기
눈앞에 있는 일을 해내면 어떤 긍정적인 결과가 일어나는지를 상상해서 써둔다. 가령, '내일까지 서류를 작성한다'라는 업무라면 '성취감을 얻을 수 있다', '상사에게 칭찬을 받는다', '급한 일도 잘 마무리했다는 자신감이 생긴다'처럼 생각나는 대로 적는다.

❷ 긍정적 요소 선택하기

1단계에서 언급한 이점 중에서 자신에게 가장 긍정적인 것을 한 가지 선택한다. 각각의 이점을 머릿속에 자세히 떠올린 뒤 가장 기분이 좋아지는 것을 선택하는 것이다.

❸ 방해 요소 체크하기

그 업무를 수행할 때 일어날 가능성이 있는 문제를 상상해서 써둔다. '내일까지 서류를 작성한다'라는 업무라면 '동료가 갑자기 말을 걸어온다', '최신 뉴스가 궁금해서 인터넷을 자꾸 보게 된다', '나도 모르게 SNS를 살펴보고 있다' 등의 방해 요소를 모두 적어둔다.

❹ 부정적 요소 선택하기

3단계에서 써둔 문제 중에서 자신에게 가장 큰 약점인 것을 선택한다. 각각의 문제를 머릿속에 자세히 떠올린 뒤 가장 실제로 일어날 것 같은 일을 선택하는 것이다.

❺ 질문형 행동 설정하기

마지막으로 당신이 해야 할 일을 '질문형 행동'의 형식에 넣으면 된다. 'OOO은 오전 10시에 회사에서 서류를 작성할까?'와 같이 업무를 변환해서 적어둔 문장을 항상 눈에 띄는 장소에 놓는다.

표6. 보상감각 플래닝 간이표

1. 이상 이미지화하기	Q. 눈앞에 있는 일을 해내면 어떤 긍정적인 일이 일어나는지를 상상해서 써둔다.
2. 긍정적 요소 선택하기	Q. 1단계에서 언급한 이점 중에서 자신에게 가장 긍정적인 것을 한 가지 선택한다.
3. 방해 요소 체크하기	Q. 그 업무를 수행할 때 일어날 것 같은 문제를 몇 가지 상상해서 써둔다.
4. 부정적 요소 선택하기	Q. 3단계에서 써둔 문제 중에서 자신에게 가장 큰 약점을 선택한다.
5. 질문형 행동 설정하기	Q. 마지막으로 당신이 해야 할 일을 '질문형 행동'의 형식에 넣는다. (자신의 이름)은 (시간)에 (장소)에서 (일일 과제)를 할까?

　이것으로 간략한 형식은 완성되었다. '보상감각 플래닝'으로 채용한 요령 중에서 단기적이고 효과가 높은 것만을 정리한 것이기 때문에 이것만으로도 집중력은 향상될 수 있다. 물론 '보상감각 플래닝'의

전체적인 유형을 이용하기 전의 훈련으로서 잠시 간이 형식을 시험해본 것일 수도 있다. 간이 형식을 계속 반복한 뒤 '심리대조'나 '실행의도'의 효과를 실감했다면 이제는 상위 유형으로 나아가기 바란다.

마지막으로 주의해야할 것을 일러두자면, '보상감각 플래닝'은 현 시점에서 가장 좋은 방법이지만 이를 완전히 끝냈다 하더라도 반드시 '엄청난 집중력'이 발휘되는 것은 아니다. 우리들의 집중력은 야수와 조련사의 미세한 균형 위에 성립되는 것이어서 아주 쉽게 붕괴될 수도 있기 때문이다.

그래도 할 수밖에 없다. 게임이나 인터넷에 빠진 삶이란 타인에게 야수를 내어주고 계속 조작당하는 것이니 당신의 진정한 자유란 있을 수 없다. 그것이 싫다면 모든 것을 자신의 힘으로 조절하는 길 이외는 방법이 없기 때문이다.

의식을 행한다

◆ 매일의 루틴으로 빠르게 집중 모드에 들어간다 ◆

1

무의미해 보이는
'나만의 의식'이 가진
숨겨진 효과

시험 전에 손마디를 꺾어 소리를 내면 성적이 향상된다?

먼 옛날 인류는 다양한 의식을 행하며 살아왔다. 많은 농경사회에서 지금도 행해지고 있는 액막이 행사나 유럽과 아시아의 여러 민족에게 전해진 수호신을 축원하는 제사 등 세계 여러 나라에서 실시하는 의식의 예는 얼마든지 찾을 수 있다.

그 기원은 확실하지는 않지만 이미 원시시대의 네안데르탈인이 죽은 이의 명복을 빌었다는 예를 보면 인류와 의식은 끊으려야 끊을 수 없는 관계로 생각된다. 우리들은 긴 시간 동안 때로는 의식을 통해 신과의 소통을 시도하고 때로는 동료들과의 유대를 강화해왔다.

물론 현재도 그 중요성은 변함이 없어서 결혼식이나 장례식, 명절 차례 등의 전통 행사는 아직도 이어지고 있다. 그중에서도 본 장에서 주목하고 싶은 것은 나만의 의식이 가진 효용에 관한 것이다.

예를 들어 우주를 향하던 로켓을 타기 전에 반드시 정원에 나무를 심던 러시아 우주비행사, 골프 선수권 대회의 마지막 날은 항상 빨간 폴로셔츠를 입는 타이거우즈, 오후에는 반드시 3시간의 산책을 했던 찰스 디킨스. 이렇듯 자신만의 실천 항목인 '나만의 의식'을 고수하는 사람은 세상에 많고 많다.

이것을 그저 미신이라고 치부해버리면 간단하겠지만 현대의 과학에서 나만의 의식이 주는 유용성은 계속 인정되어왔다. 상하이 대학이 실시했던 비만으로 고민하는 93명의 여성을 대상으로 한 실험을 예로 들어보자.[1]

실험에서는 모든 피검자에게 '하루에 1,500kcal 이내의 식사를 하라'고 지시했다. 그런 다음 전체를 두 집단으로 나눴다.

① **다른 것과 병행하지 않고 식사에 집중해서 먹는다**
② **'의식'을 행한 후에 식사를 한다**

①번 집단이 행한 것은 '마인드풀 이팅mindful eating'이라는 식이요법이다. 텔레비전이나 스마트폰 등의 다른 것에 주의를 뺏기지 않고 단

지 눈앞에 있는 식사에 집중하는 방법으로, 선행 연구에 따르면 음식을 온전히 맛보는 것으로 섭취하는 열량이 자연스럽게 줄어드는 결과를 확인할 수 있었다.[2] 최근에는 비만 치료에도 이용한다고 전해진다.

나머지 집단에게는 연구자가 생각한 '식사 전의 의식'을 실시하도록 지시했다.

1단계 : 식사 전에 음식을 잘게 자른다

2단계 : 잘게 자른 음식을 그릇에 좌우대칭으로 놓는다

3단계 : 음식을 입에 넣기 전에 포크나 숟가락으로 그릇을 가볍게 세 번 건드린다

이 의식은 식욕을 떨어뜨리는 마법의 효과 따위는 없으며 단지 타이거우즈의 빨간 셔츠를 닮은 미신적인 행위일 뿐이다. 이런 행동으로 뭔가가 바뀔 리도 없다.

하지만 결과는 다르게 나타났다. 의식을 행한 집단은 '마인드풀이팅'을 실시한 집단보다 섭취 열량이 20%나 낮은 데다 채소나 과일 같은 건강한 식사를 선택하는 확률이 늘었다고 한다.

연구팀은 그 외에도 비슷한 실험을 했는데 가령, 식사 전에 책상을 가볍게 톡톡 친다거나 초콜릿을 입에 넣기 전에 눈을 감고 3초를 세는 무의미한 의식을 한 경우에도 역시 피검자들의 자기조절 능력이 높아지고 더욱 건강한 식사를 선택하는 확률도 높아졌다.

수십 년 동안 같은 연구가 계속 늘어 골프선수가 공에 키스를 하는 동작을 취하자 퍼트의 확률이 38%나 올랐다는 사례나, 시험 전에 손마디를 열 번 꺾어 소리를 냈더니 성적이 21% 올랐다는 실험 등 많은 보고가 이어지고 있다.[3] 언뜻 보아서는 무의미해 보이는 엉뚱한 의식이지만 단순한 미신으로 치부하기엔 '뭔가'가 있는 듯하다.

원시의 리듬으로 인간은 살아왔다

과학의 세계에서 하나로 정의되는 '의식'이란 없지만 심리학에서는 대략 다음과 같은 의미로 정의하고 있다.

- **'확실함'과 '반복'이라는 2가지 특징을 가진 사전에 결정된 규약**

어떤 명확한 규칙을 바탕으로 오로지 같은 행위를 반복하는 것이 의식의 중요한 특징이다. 목표에 대한 직접적인 영향이 있는지의 여부는 관계가 없고 정해진 규칙의 반복이 있다면 의식으로 판단한다.

그러면 의식에는 왜 인간의 자기조절이나 인지기능을 높이는 기능이 있는 것일까? 다시 말해 비합리적으로만 보이는 행동을 취하면 왜 야수의 힘을 제어하기 쉬워지는 것일까? 해답을 찾기 위해 먼저 원시의 생활을 상상해보기로 하자.

우리 조상들이 살았던 수십만 년 전의 환경은 실로 불확실성으로 가득한 세계였다. 사냥을 하러 나가서도 먹잇감을 발견하는 일뿐만 아니라 변덕스러운 날씨의 변화에도 달리 취할 방도가 없었고 알 수 없는 병원균에 언제 공격을 당할지 모른 채 살아왔다. 항상 풍부한 식재료가 주어지고 눈비를 막아주는 집에서 살아가는 현대와는 전혀 다른 환경이었던 것이다.

그렇게 앞날을 알 수 없는 환경 속에 살아가던 원시의 인류는 어떤 간결한 지표에 눈을 돌렸다. 그것은 바로 '반복'이다. 혹독한 원시 환경에서 먹잇감을 구하고 짐승들이나 전염병의 위험에서 몸을 피하기 위해서는 생체나 자연환경이 만들어낸 특정의 리듬에 주목할 수밖에 없었다. 같은 시기 같은 장소에서 열매를 맺는 바오바브나무, 특정의 장소를 일정한 주기로 도는 영양, 특정의 계절에 세계적인 대유행을 반복하는 전염병….

불확정성이 높은 환경에서는 같은 시기에 반복적으로 여러 차례 눈앞에 나타나는 사실에 주목해서 좀 더 정확한 예측을 하는 사람만이 살아남는다. 추상적인 것을 싫어하는 야수는 이러한 반복을 명료한 사인으로 받아들이는 것이다. 그 결과 야수의 내부에는 반복에 강하게 반응하는 센서가 만들어졌다. 몇 번이고 반복되는 것에 매력을 느끼고 반복에 대한 추진력을 강화시키는 장치가 만들어진 것이다.

반복하면서 자신을 세뇌한다

보상의 예감이 우리들에게 양날의 검인 것처럼 '반복'도 역시 현대인에게 장점과 단점을 모두 선사한다. 장점의 대표적인 예는 음악일 것이다. 일정한 리듬과 선율을 반복하는 음악의 특성은 인간의 반복 리듬을 자극해서 공동체의 결속이나 추진력의 향상, 스트레스의 해소라는 여러 종류의 이점을 가져다준다.[4]

다른 한편으로 반복이 문제가 되는 것은 거짓 선동이나 가짜 뉴스에 이용되는 경우다. 인간의 뇌는 자주 보이는 것을 진실로 받아들이는 경향이 있어서 옛날부터 종교나 정치의 세계에서 널리 사용되어 왔다. 우리에게 익숙한 나치의 선전부 장관이었던 괴벨스는 다음과 같이 말했다.

"선전은 반드시 단순하고 반복적이어야 한다. 세상에 영향력을 미치려면 문제를 단순한 말로 바꿔 반복할 수 있는 용기를 가진 인물이어야 한다."

이와 같이 나치의 거짓 선동이 유례없는 성공을 한 것은 주지의 사실이다. 아무리 사실에 근접하지 못한 말이라도 수차례 들려준다면 사실로 바뀌어버린다. 안타깝게도 최근의 실험심리학에서 매우 높은 지성을 가진 사람이라도 가짜 뉴스에 현혹되고 만다는 사실을 알아냈다.[5] 뇌의 정보 처리 속도나 분석력이 아무리 높아도 가짜 뉴스를 피할 수 없고, 어떤 지식인이라도 그것을 반복적으로 들려주면 사실이라고 받아들이고 만다는 것이다.

이러한 메커니즘은 인류사에 다양한 미신을 만들어냈다. 현대에서도 계속 행해지고 있는 액막이 의식, 기(氣)나 '끌어당김'이라는 영적인 사고, 동종요법(질병 증상과 비슷한 증상을 유발시켜서 치료하는 방법)이나 세라뷰틱 터치(정성껏 마사지를 하며 대화를 나누는 행위의 반복을 통해 통증을 완화시킨다는 이론) 등의 대체요법은 모두가 인간의 이성이 쉽게 논리를 벗어날 수 있다는 증거가 된다.

매우 우려스러운 사실이지만 반대로 말하면 반복의 효과가 야수에게 미칠 영향력을 차단할 수는 없다. 나치의 거짓 선동과 같이 외부로부터의 개입으로 야수를 조종하면 집중력의 주도권을 영원히 놓치고 만다. 이런 문제를 피하려면 스스로 반복의 내용을 정해서 몇 번이고 자신을 세뇌하는 것이 최선이다. 각기 나름의 '나만의 의식'을 만들어 반복이 만들어내는 야수의 힘을 좋은 방향으로 이끌어야 할 것이다.

2

도파민을 분비하는 의식으로
하루 종일 순조롭게!

나만의 의식을 만드는 2가지 조건

앞선 연구에서도 본 것처럼 당신의 야수는 어떤 무의미한 의식에도 반응한다. 테니스 선수인 라파엘 나달이 언제나 2개의 물병을 가지고 번갈아 물을 마시거나 육상 선수인 미셸 제네커가 시합 전에 독특한 춤을 추는 것처럼 실제 일과는 직접적인 관계가 없는 동작이라도 괜찮다. 의식을 만들 때에 중요한 것은 다음의 2가지다.

① 이 동작을 하면 중요한 작업에 착수한다고 정해둔다
② 정해진 순서를 따라 여러 번 반복한다

이 점을 충족하면 어떤 내용이라도 효과가 있을 것이다. 껌을 씹는 다거나 볼펜을 열 번 돌리는 것처럼 알맞은 동작을 정해서 의식으로 이용해도 좋다. 어떤 절차를 사용할지는 당신의 자유다. 하지만 이왕이면 순서를 제대로 정해서 현실에 도움이 되는 행위를 나만의 의식으로 만들어야 할 것이다. 그렇게 하는 것이 야수를 움직이는 효과가 높아지고 마지막에는 집중력도 높아지기 쉬워진다.

다음은 실효성이 높은 의식을 만드는 방법을 살펴보기로 하자.

아침 첫 업무를 간단한 것부터 하면 집중력이 가속된다

중요한 업무를 해야 하는데 자꾸 쓸데없는 메일이 와서 신경이 쓰이고, 할 일은 많은데 유튜브에 빠져 버리는 하루….

누구나 한 번쯤 겪는 이러한 상황을 심리학의 세계에서는 '성취편향'이라고 부른다. 장기적으로 중요한 업무보다도 단기적이면서 중요도가 낮은 업무에 의식을 빼앗기는 현상을 말한다. 성취편향이 집중력에 미치는 악영향은 언급할 필요도 없을 것이다.

미국 병원의 약 4만 건에 이르는 치료 자료를 모은 연구에 의하면, 하루에 진료해야 할 환자 수가 늘수록 의사들의 성취편향이 급증한다고 한다. 성취편향에 사로잡힌 의사는 증상이 가벼운 환자를 우선으로 하고 중병이 든 환자를 뒷전으로 둔다는 것이다.[6] 이 같은 경험을 한 사람은 적지 않을 것이다. 일이 산더미처럼 밀렸는데도 방 청소를 시작하거나 만화를 읽는 등 가까이에 있는 일에 집중력을 써버리곤 하는 것이다. 우리에게는 바쁘면 바쁠수록 중요한 일을 미뤄두고 싶은 심리 구조가 깔려 있다.

따라서 예전부터 비즈니스 서적들은 '어려운 작업부터 먼저 해야 한다!' 등의 조언을 해왔다. 난이도가 높은 일을 처음에 끝내놓으면 그 후는 편하게 남은 작업에 착수할 수 있기 때문이다. '아침에 일어나면 제일 먼저 개구리를 먹자!'(어렵고 힘든 일부터 시작하라)라고 주장하는 브라이언 트레이시의 책이 대표적인 예다.

설득력이 있다는 생각도 들지만 사실은 최근 몇 년 동안 성취편향을 바르게 사용하는 것이 집중력을 더 높인다는 보고가 늘고 있다. 어려운 작업부터 시작하는 것이 아니라 메일에 답장을 보내는 등의 쉬운 일부터 시작하는 것이 최종적인 성과의 향상에 도움이 된다는 것이다.

하버드 비즈니스 스쿨의 연구를 살펴보기로 하자. 연구팀은 다양한 업종에서 500명의 사업가를 모아 3개의 집단으로 나눴다.[6]

① 아침에 하루의 업무를 모두 적은 뒤, 중요하고 어려운 일부터 작업을 해나간다

② 아침에 하루의 업무를 모두 적은 뒤, 순서대로 해나가며 하나의 작업을 끝내면 표시를 한다

③ 아침에 하루의 업무를 모두 적은 뒤, 간단한 일부터 순서대로 작업을 진행한다

그 후 모든 피검자의 근무 태도를 기록했더니 업무의 달성량이 가장 많은 것은 ③번의 성취편향을 사용한 집단이었다. 간단한 작업으로 하루를 시작한 피검자는 모두 집중력이 향상되었고 마지막에는 일에 대한 만족감도 개선되었다는 믿지 못할 성과를 보였다.

성취편향으로 집중력이 향상된 것은 뇌내 호르몬의 분비가 큰 원인이었다. 우선 간단한 일을 해내면 그 시점에 야수는 커다란 성취감을 느끼고 뇌내에 도파민이라는 신경전달물질을 대량으로 방출한다. 도파민에는 주의력과 추진력을 이끄는 기능이 있어서 업무를 끝낸 직후부터 당신의 집중력은 급격히 증가한다. 그 기세가 다음 일에도 영향을 미쳐 결과적으로 성과를 올리기 쉬워진다. 성취편향 덕분에 집중력이 이월되는 현상이 벌어지는 것이다.

하루의 시작은 무엇이든 상관없지만 메일 답장이나 청구서 작성과 같은 5분 전후로 끝낼 수 있는 것을 하는 것이 좋다. 거기에 일상의 업무가 조금이라도 진행될 수 있는 일이라면 더욱 좋다.

가령 제2장의 '보상감각 플래닝'에서 언급한 '일일 과제 선택하

기'(P.96 참조)에서 쓴 작업 중에서 '금방 할 수 있을 것 같은 일'을 골라 하루의 시작에 끼워 넣는 것도 괜찮다. 그것만으로도 성취편향은 야수의 힘을 증폭시키는 작용을 해준다.

🎯

해냈다는 반복된 기록으로 성취 습관을 기른다

바른 의식을 만드는 두 번째 방법은 '기록'이다. 일기, 블로그, 가계부, 체중의 변화 등 기록의 내용은 아무래도 상관없다. 어떤 자료를 정기적으로 계속 남기는 행위는 모두 집중력 향상을 위한 의식으로 작용하기 때문이다.

집중력 향상을 위해 가계부를 적으라고 하면 무슨 의미가 있을까 의아하겠지만 이미 여러 연구가 그 효과를 입증하고 있다. 가령, 어떤 실험에서는 피검자들에게 가계부 사이트를 사용해서 매일의 지출을 기록하도록 지시했다. 4개월 후 설문지의 결과를 보니 가계부를 상세하게 적은 사람일수록 개인적인 스트레스가 줄고 일상의 업무에도 집중해서 일을 할 수 있게 되었다.[7] 기록을 한 것만으로도 집중력이 향상되었기 때문에 사실인지 의심스러울 정도일 것이다.

이런 현상이 일어나는 것은 성취편향의 항목에서도 살펴본 도파민이 커다란 이유 중의 하나다. 기록처럼 간단한 일은 야수에게 알맞은 성취감을 선사하고 집중력을 증폭시켜준다. 여기에서 특히 중요한 요점은 '성취감'이다. 기록을 계속하면 당신의 마음속에 '나는 할 수 있는 사람'이라는 감각을 키우는 기능이 작동한다. 그러한 흐름을 간략하게 설명하고자 한다.

먼저 어떤 사소한 기록이라도 오랜 시간을 들여 쓰는 동안에 야수가 '이 작업은 매우 중요한 일에 틀림없다'라고 생각하기 시작한다. 앞에서 소개했던 '반복의 법칙'이 작용해서 처음에는 파악하지 못했던 기록의 중요성을 점차 파악해간다.

그런 다음 작업을 여러 번 반복하면 더욱 흥미 깊은 변화가 일어난다. 야수의 마음속에 '이렇게 중요한 일을 제대로 계속할 수 있다니 분명 나도 대단한 능력이 있는 거야' 하는 느낌이 자라난다. 기록의 유지가 당신의 자신감을 높여 그 느낌이 매일의 일을 하는 데 의욕을 높여주기 때문이다.

사실, 앞선 연구에서도 가계부를 적은 집단에서는 성취감의 향상이 확인되었다. 이렇게 야수의 감각을 유도할 수 있으니 실천해보기를 적극 권장한다. 기록하는 내용으로는 가능하면 집중력을 향상시키는 데에 도움이 되는 자료를 남기는 것이 좋다. 제1장에서 소개한 'MIND 점수표'나 제2장의 '보상감각 플래닝' 등은 모두가 기록의 훈련으로 안성맞춤이다.

또한 여러 번 언급한 내용이지만 목표까지의 진척 상황을 기록하는 것은 지극히 좋은 방법이다. 리스 대학의 메타분석에서는 작업의 진행 상황을 기록한 경우, 목표 달성률이 'd+ = 0.40'의 효과량으로 높아졌다는 것이다.[8] 극적인 효과라고는 볼 수 없지만 시험해볼 가치가 충분하다.

목표까지의 진척 상황을 기록할 때는 다음에 주의하자.

① 행동을 바꾸고 싶을 때는 '자신이 했던 행동'만을 기록한다
② 결과를 내고 싶을 때는 '결과를 향한 과정'만을 기록한다

가령, 감량을 목표로 한 사람이 식사의 내용을 기록하면 다이어트가 실패로 끝날 확률이 높아진다. '감량'이라는 결과를 목표로 했지만 '식사'라는 행동의 내용을 기록했기 때문이다. 체중을 줄일 목표라면 체중계의 기록에 집중하는 것이 기본 중의 기본이다. 반대로 식사 습관을 바꾸고 싶다면 먹은 음식을 기록하는 것이 효과가 높아진다. 조금 더 예를 들어보자.

• 저축을 늘리고 싶으면 저축액의 증감만을 기록한다
• 담배를 끊고 싶으면 담배를 피우지 않은 날만 기록한다
• 운동을 계속하려면 헬스클럽에 갔던 날만 기록한다

이 점을 놓치면 기록의 효과는 급격하게 줄어든다. 기록을 할 때는 반드시 행동과 결과의 대응을 생각해야 한다. 기록의 효과가 나타나기까지는 적어도 2개월이 걸린다. 즉시 효과를 볼 수 있는 방법은 아니지만 많은 시간을 들이면 성과가 있으므로 포기하지 말고 계속 실천해보자.

3

작은 불편함으로
야수를 자극한다

작은 인내력이 마음을 강하게 만든다

기록에 익숙해지면 새로운 의식의 자료로 도입하고 싶은 것이 '작은 불편함'이라는 요소다. 작은 불편함은 당신의 몸과 마음에 가벼운 부담을 주는 것을 말하는데 구체적으로는 다음과 같은 행위를 예로 들 수 있다.

- 술이 마시고 싶어도 조금 참는다
- 잘 쓰지 않는 손으로 마우스를 조작한다
- 등이 굽었다고 느껴지면 등을 곧게 편다

'그렇게 한다고 집중력이 향상될 리가 없지'라고 생각할 수 있지만 그것은 크게 잘못된 생각이다. 여기에서 든 예는 모두 정식 실험을 통해 집중력 향상의 효과가 확인된 것들이기 때문이다.[9]

대표적인 예로 술과 집중력에 관한 조사를 살펴보자.[10] 477명의 남녀를 대상으로 한 연구로, 피부 실험을 통해 모두의 알코올 대사 수준을 조사한 뒤 전체를 두 집단으로 나눴다.

① **알코올에 강하면서 술을 좋아한다**
② **알코올에 약하지만 술을 좋아한다**

이같이 나눠 조사를 한 이유는 '알코올에 약하지만 술을 좋아한다'는 사람들은 평소에도 '작은 불편함'을 견디고 있을 가능성이 높기 때문이다. 선천적으로 알코올에 약하다면 더 마시고 싶다고 생각하다가도 참을 수밖에 없었을 것이다. 이러한 차이점이 피검자의 집중력에 차이를 가져올 것으로 연구팀은 생각했다.

그 후 모두가 집중력 테스트를 한 결과, 양 집단은 분명한 차이를 보였다. 정기적으로 술의 유혹을 참아내던 사람일수록 눈앞의 욕망에 휩쓸리지 않았으며, 주의를 빼앗기지 않고 업무에 임하는 경향이 강하게 나타났다.

이러한 결과가 의미하는 것은 평소에 작은 인내심을 축적해두면 전혀 다른 상황에서도 집중력이 생긴다는 사실이다. 좋아하는 술을 조금만 참거나 익숙하지 않은 손으로 마우스를 움직이는 등 언뜻 봐서는 아무 의미가 없어 보이는 일상의 인내가 당신의 집중력의 토대를 끌어올려준다. 작은 불편함으로 집중력이 향상되었다는 것은 앞서 언급한 '기록'으로 본 구조와 마찬가지로 자신을 향한 신뢰감을 키우는 작용을 하기 때문이다.

일상적으로 작은 인내를 반복하면 야수의 내면에 조금씩 '나는 미래의 결과를 좌우할 능력이 있다'라는 생각이 자리를 잡는다. 유혹을 이겨냈다는 작은 성취감 덕분에 인생의 조절 감각이 높아진 상태에 이른다. 이러한 신선한 느낌이 '미래의 성공을 좌우하는 것은 나'라는 인식으로 이어져 그만큼 눈앞의 유혹을 참아내게 하는 추진력이 상승하게 된다. 결과적으로 집중력이 향상되는 것이다. 바꿔 말하면 '작은 불편함'은 마음의 근육 같은 것이다. 일시적인 훈련의 고됨을 참아내지 못하면 근육을 키울 수 없듯이 정신에도 어느 정도의 부담을 가하지 않으면 성장을 바랄 수 없다.

어떤 작은 불편함을 선택할지는 사람마다 다르다. 야식을 참아낸다거나 신제품을 사면 다른 것을 버린다는 등 무엇이라도 좋으니 당신에게 약간의 인내력을 요구하는 행동을 채택해보길 권한다. 이때 가장 중요한 점은 난이도의 설정이다. 가령, 야식을 참아낸다는 불편함을 선택한다 해도 사람에 따라 아무리 해도 참을 수 없는 이도 있을 것이고 편하게 견딜 수 있는 사람도 있을 것이다. 이렇게 수준이 다르면 애써 실천한 의식에 역효과가 생긴다.

많은 자료에 의하면 불편함의 난이도는 성공률이 80~90% 정도를 목표로 하는 것이 최상이라고 한다. 이보다 높은 난이도라면 하기도 전에 기가 꺾일 것이고 편안하게 성공할 것 같은 수준이면 야수에게 훈련이 될 수 없다. 그러니 어느 정도 잘 참다가 가끔 실패할 정도의 불편함을 주는 것을 선택하도록 하자.

'5의 법칙'으로 작은 불편함을 쌓아간다

만일 적절한 수준의 불편함을 찾을 수 없다면 먼저 '5의 법칙'을 시험해보는 것도 좋다. 심리 상담의 세계에서 '미루는 태도에 관한 대책'에 사용되는 방법으로 기본적인 규칙은 간단하다.

- 일이 하기 싫어서 쉬고 싶어질 땐 5분만 계속한다
- 갑자기 스마트폰을 보고 싶어질 땐 5분만 하던 일을 계속한다
- 복근 운동을 그만 하고 싶어질 땐 5번만 더 한다
- 독서에 집중할 수 없을 땐 앞으로 5쪽만 더 읽는다

일을 하다가 그만 두고 싶을 때는 어찌 됐든 숫자 5를 기억해서 일을 계속 진행한다. 이 규칙을 지키기만 해도 당신의 생산성에는 상당한 차이가 생길 것이다.

우리들은 일을 하다가 너무도 쉽게 집중력을 잃고 마는데 다시 제자리로 돌아오기까지 20~30분의 시간을 필요로 한다.[11] 이 시간이 쌓여서 하루에 3~4시간을 허비하고 마는 것이다. 하지만 '앞으로 5분만 더!'라는 작은 인내를 쌓아가다 보면 중요한 집중력의 균형을 무너뜨리지 않고 일을 마칠 수 있다. 일을 그만두고 싶거나 스마트폰을 보고 싶은 작은 불편함을 극복하는 경험이 결국 야수에게 자신감을 불러일으키는 작용을 한다.

하지만 그중에는 원래 일을 시작하는 데에 어려워하는 사람도 있을 것이다. 제2장에서의 질문형 행동이나 리마인더를 설정했음에도 아무리 애써도 일에 착수할 수 없는 상황을 말한다. 그럴 때는 '5의 법칙'을 다음과 같이 사용해보길 바란다.

상황) 서류를 작성해야 하는데 일에 착수할 수 없다
⇩
대책) 머릿속으로 5부터 숫자를 세면서 0이 될 때까지 키보드를 치기 시작한다

상황) 운동을 하고 싶은데 의욕이 생기지 않는다
⇩
대책) 머릿속으로 5부터 0까지 숫자를 세면서 그 자리에서 스쿼트를 시작한다

일을 할 의욕이 생기지 않는다는 기분이 들면 즉시 머리로 '5, 4, 3, 2, 1, 0'을 떠올리며 마음속으로 숫자를 센다. 그러면서 일단 일을 시작한다. 이렇게 한다고 일을 제대로 할 수 있을지 모르지만 어떤 대책도 없이 일을 미루는 것보다는 확실히 생산성이 높아진다.[12]

숫자를 세는 행위가 효과적인 이유는 야수의 시간 감각에 자극을 주었기 때문이다. 기본적으로 야수는 먼 미래의 일에 흥미를 갖지 못하고 가능한 한 주어진 일을 나중으로 미루려고 한다. 하지만 5초를 세면 그동안 야수는 사태가 촉박해짐을 다시금 인식하고 일에 관심을 돌린다.

'5의 법칙'을 사용할 때는 '시각적 리마인더 설정하기'(P.104 참조)의 방법을 써서 항상 눈에 띄는 곳에 둘 것을 권장한다. 일이 하기 싫어서 쉬고 싶어질 땐 딱 5분만 일을 계속하거나 작업에 착수하기 힘들 때는 머릿속으로 5부터 숫자를 센다는 내용을 써서 눈에 보이는 위치에 함께 붙여둔다.

4

'나만의 의식'을 반복해
야수를 좋은 습관으로 이끈다

어떤 종류의 '나만의 의식'이라도 길게 유지하면 리마인더의 도움을 받지 않고도 실천할 수 있다. 반복의 효과로 야수가 '이 행위는 중요한 것'이라고 인식을 수정하고 조금씩 의식이 자동화되기 때문이다. 야수의 내부에 새로운 어플이 설치되는 상태라고 말할 수 있다.

일단 하나의 의식이 설치되면 이어서 '의식 쌓기'를 시험해본다. 스탠퍼드 대학의 행동과학 연구실에서 주장한 기법으로 각각의 의식에 다른 의식을 더욱 쌓아가는 방법을 말한다.[13] 몇 가지 예를 들어보자.

의식 1) 8시가 되면 일일 과제에서 가장 쉽게 할 수 있는 일을 골라 최우선에 둔다
⇩
의식 2) 쉬운 일을 끝낸 뒤 가장 어려운 일을 한다
⇩
의식 3) 어려운 일을 끝낸 뒤 밖으로 나가 10분간 달리기를 한다

의식 1) 저녁식사를 한 뒤 15분간 명상을 한다
⇩
의식 2) 15분간의 명상을 끝낸 뒤 보상감각 플래닝 표에 내일의 계획을 적는다
⇩
의식 3) 보상감각 플래닝을 끝낸 뒤 즉시 잠자리에 든다

이렇게 여러 의식을 차례로 해나가는 것이 가장 중요하다. 즉, 나름의 '의식 쌓기'를 할 때에는 다음의 문장을 보충할 필요가 있다.

• 〔예전 의식〕을 끝낸 뒤 〔새로운 의식〕을 한다

알다시피 이것은 제2장에서 언급한 '실행의도'의 착안을 확장한 것이다. '보상감각 플래닝'에서는 매일 해야 하는 일에 시간과 장소라는 2가지를 설정했지만, 이 경우는 하나의 의식을 다른 의식의 방아쇠로 삼는다. 이때 이미 익숙해진 의식에 새로운 행동을 끼워 넣는 것도 효과적이다. 가령 현시점에서 '운동을 한다 → 명상을 한다'는 순서가 의식화되어 있다면 '운동을 한다 → 독서를 한다 → 명상을 한다'처럼 새로운 행동을 사이에 끼워 넣어보자.

의식은 주 4회씩 2개월 동안
지속하면 완전히 습관화된다

마지막으로 가장 걱정되는 부분을 확인하고 넘어가자. 그것은 '하나의 의식이 완전히 자동화되기까지 어느 정도의 반복이 필요한가'라는 문제다. 특정한 의식을 호흡하듯이 완전히 습관화된 수준으로 만들기까지는 몇 주간, 몇 개월이 걸릴까?

이 점에 관해서는 아직 결정적인 자료는 없지만 2015년에 빅토리아 대학의 흥미로운 조사를 통해 살펴볼 수 있다.[14] 연구팀은 헬스클럽에 이제 막 가입한 남녀를 12주간 관찰하고 운동을 계속한 사람과 그만둔 사람 간에 어떤 차이가 있는지를 조사했다. 분석 결과, 다음과 같은 경향을 보였다.

- 주 4회 이상 운동하러 온 사람은 운동을 계속할 가능성이 급격히 높아졌다
- 주 4회 이하로 적게 온 사람은 운동을 계속할 가능성이 크게 하락했다

양쪽 집단 모두 조사 시작부터 6주간까지는 운동을 계속할 확률이 비슷하게 높았지만 그 이후에는 큰 격차를 보였다. 헬스클럽에 오는 횟수로 주 4회를 채우지 못한 집단은 12주가 지나면서 점차 운동의 지속률이 낮아진 데에 반해서 주 4회를 넘는 집단은 6주를 지나도 숫자가 계속 올랐다. 요컨대 연구의 요점은 다음과 같다.

- 의식이 자동화되려면 적어도 주 4회는 실천할 필요가 있다
- 6주까지 철저하게 반복하지 않으면 그 후 제자리로 돌아가고 만다

물론 이 수치는 운동에 국한된 얘기여서 복잡한 의식에는 더 많은 기간이 필요할 것으로 보인다. 런던 대학이 실시했던 다른 실험에서는 '아침에 물을 마신다'와 같은 간단한 작업은 2~3주 동안에 습관화되지만 '매일 50회씩 복근 운동을 한다'와 같은 힘든 훈련은 길게는 254일이나 걸렸다고 한다.[15] 야수의 내면에 '의식'을 설치하는 것은 역시 적절한 시간이 필요하다.

하지만 여러 연구를 대략 정리하면 대부분의 행동은 40~60일을 계속하면 습관화된다는 평균치가 나온다. 아주 구체적인 숫자는 가늠

하기 어렵지만 아무튼 하나의 의식을 주 4회 이상, 6~8주간 실천한다는 것을 잊어서는 안 된다. 아무 지표도 없는 것보다는 추진력이 확실히 향상되기 때문이다.

야수를 움직이기 위한 대책은 이상으로 마친다. 지금까지의 흐름을 정리하면 먼저 바른 식사로 야수에게 영양소를 제공하고 집중력의 토대를 만든다. 이어서 '보상의 예감'을 조절하는 방법을 써서 야수의 힘을 유도한다. 마지막으로 여러 가지 '나만의 의식'을 만들어 그 힘을 효과적으로 사용하기 위한 길을 확실하게 제시한다. 모두가 과학적으로 효율성이 높은 자료를 근거로 했으므로 실천한다면 어떤 변화를 체감할 수 있을 것이다.

하지만 이렇게 실천을 해도 생각대로 되지 않는 것이 야수의 힘든 면이다. 야수에게는 선천적인 주의산만이 내재되어 있어서 어떤 대책을 세워도 완전히 조종할 수 없다. 야수가 최대한 집중할 수 있도록 일단 설정을 끝내면 그 후는 바라는 방향으로 움직여 주기를 빌 뿐이다. 만일 생각한 대로 움직여주지 않더라도 그 실패가 일어난 이유를 생각하면서 세부 조정을 반복해야 한다.

우리들이 할 수 있는 대책은 이것으로 끝이 아니다. 보통의 '방치형 게임'(특별한 조작 없이도 자동으로 플레이되는 게임)'은 준비를 마친 후 지켜보는 수밖에 없지만 야수와의 '방치형 게임'은 참가자의 개입이 효과가 있기 때문이다. 다음 장부터는 그에 관한 자세한 방법을 살펴보기로 한다. 이제부터는 조련사가 등장할 차례다.

이야기를 만든다

◆ 자아상을 수정해서 자신 있는 사람이 되자 ◆

되고 싶은 내가 되려면
이야기가 효과적이다

신화, 전설, 희곡 - 고대로부터 이어진 이야기의 힘

조련사의 능력을 살리는 주제에 맞게 먼저 본 장에서는 '이야기'에 관해 생각해보고자 한다. 갑자기 화제가 바뀌었다는 생각이 들지도 모르지만 이야기야말로 조련사가 사용할 수 있는 최강의 무기다.

먼저 인간에게 이야기란 무엇일까? 칼라하리 사막에서 지금도 원시적인 생활을 하고 있는 부시먼족을 조사한 연구에 따르면 그들은 매일 밤 부족민들과 모닥불을 에워싸고 잠자리에 들 때까지 길고 긴 대화를 나눈다고 한다.

내용은 다른 사람에 관한 소문이나 돈 문제 등 다방면에 걸친 것인데 그중에서 특별히 높은 비율을 차지하는 것은 '이야기'다. 부시먼 족은《리어왕》과 같은 파멸에 이르는 비극이나《보트 위의 세 남자》와 같은 희극 등 모든 유형의 이야기를 가지고 대화 시간의 81%를 보낸다고 한다.

이 외에도 비슷한 자료들은 많은데 일부 인류학자는 '인간의 문화는 밤 시간에 나누는 이야기로 만들어진 것은 아닐까?' 하고 생각하기도 한다. 그러한 추측이 어디까지 맞는 것인지는 알 수 없지만 수렵 채집을 하는 민족이 나누는 밤 이야기는 물론, 세계의 사람들이 지금도 영화나 소설에 막대한 자원을 쏟고 있는 사실을 생각하면 인류에게 이야기가 큰 역할을 하는 것은 확실하다.

그러면 인간은 왜 이야기를 필요로 하는 것일까? 부시먼족이 귀중한 대화 시간의 80%나 이야기에 시간을 할애하는 이유는 과연 어디에 있을까?

먼저 원시의 환경에서 생활하는 우리들의 조상이 역병에 걸려 갑자기 열이 오르다가 결국 죽는 장면을 상상해보자. 갑작스러운 비극을 눈앞에서 맞이한 부족은 공포에 휩싸이고 사망의 원인을 찾으려고 할 것이다. 하지만 과학이 발전하지 못한 시대에는 역병의 정체를 알 수 없었다. 사망 직전에 이상한 행동을 보이지 않았는지, 이전에 같은 죽음을 맞이한 사람은 없었는지 등 과거의 기억에 의지해서 원인을 찾던 그들은 겨우 나름의 결론에 도달한다. '정령이 잠든 호수를 범했

기 때문이다, 죽은 이가 불러들였다, 동물의 혼이 깃들었다…'

이것이 '이야기'의 초기 형태였다. 이해할 수 없는 불가해한 현상에 원인과 결과를 잇고 세상의 복잡함에 질서를 가져온 것이 바로 '이야기'가 가진 최초의 역할이었다. 무작위의 죽음과 이웃하며 살아온 원시생활에는 그 이야기가 정답인지의 여부와는 관계없이 '이러한 원인으로 문제가 일어났다'라고 생각하는 편이 마음에 안식을 줄 수 있었다. 최초의 이야기는 무질서에 따른 불안을 잠재우고 안심시키는 완충장치로써 탄생한 것이다.

이야기를 통해서 인간은 자신을 발견한다

혼돈 속에서 인과관계를 만들어낸 이야기의 기능은 그 후로도 다양한 변화를 가져왔다. 세상은 신들의 극장이라고 말하는《그리스 신화》, 뒤얽힌 인간 심리를 의식의 흐름대로 탐구한《댈러웨이 부인》같은 근대문학, 우리들에게 '가상'의 세계를 묘사해주는 공상과학소설《디아스포라》. 각각의 이야기가 우리들에게 불러일으키는 감정의 종류는 다르지만 모두가 세상의 복잡함에 대한 명확한 시나리오를 제공하고 인간의 근본적인 외로움을 해소해주는 점에는 틀림이 없다.

그런 가운데 현대사회에서 이야기로 정체성을 세우는 기능이 있다는 사실은 매우 중요하다. 대표적인 것으로《성경》이 있다. 서양인의 대부분이 성경의 내용을 정신적인 지주로 삼아왔다. 어떤 사람은 '창세기'에서 자신의 기원을 찾고 안정감을 느끼며, 어떤 사람은 그리스도의 이야기에서 자신이 어떻게 행동해야 하는지 그 지침을 구하기도 한다.

이것은 수렵채집 시대에도 변함이 없었는데 많은 인류학 연구에 따르면 원시 부족에게는 예외 없이 창조신화가 전해져온다고 한다. 태초에는 정령들이 동물의 모습을 하고 나타났다는 이야기를 나누며 그들은 집단으로써의 정체성을 다시금 굳건히 했다.

그렇지만 이제 정령이나 신의 기적을 믿지 않게 되면서 현대에 와서는 '나란 무엇인가' 하는 물음이 새삼 절실한 과제로 떠올랐다. 메리 셸리의 소설《프랑켄슈타인》에서 흉측한 모습으로 태어난 괴물은 다음과 같이 자문한다.

"나는 혼란스럽다. 진정이 되지 않아. 나는 어떤 것에도 의지할 수 없고 어떤 것에도 매어 있지 않아. 도대체 이게 무슨 일이지? 나는 누구인가? 나는 무엇인가?"

어디까지나 괴물의 언어이기에 이것이 정체성의 위기를 그린 장면이라는 것은 의심할 여지가 없다. 이렇게 절실한 외침은 아니어도 현대인이 어떤 대상에 의지해서 자신을 내보이는 모습은 익숙하다.

어떤 사람은 SNS의 '좋아요'가 많으면 자신의 존재감을 느끼고, 어떤 사람은 명품을 구입하면서 자신의 모습을 찾고, 나아가 국가를 중요시하는 내셔널리즘의 힘으로 자신이 서는 위치를 정하는 사람도 있다. 모두가 '좋아요'가 많은 인기인인 나, 명품을 살 수 있는 훌륭한 나, 국가를 사랑하는 인격자인 나라는 가벼운 이야기에 몸을 맡기고 그것에서 안정감을 느끼는 행위다.

이에 비해 원시시대에는 인간의 정체성은 단순했다. 태어났더니 부족의 일원이 되어 살아가는 수밖에는 선택지가 없었고, 남자는 사냥으로 먹잇감을 손에 넣고 여자는 열매나 씨앗을 모으는 것만이 요구되었다.

삶의 모습에 다양성도 없어서, 아이는 놀이를 통해 사냥법을 배우고 성인이 되어서는 열심히 일하다가 나중에는 세상에 지혜를 남기고 죽을 따름이었다. 인생의 어느 시점에도 자신의 역할은 명확했고 정체성의 위기는 일어나지 않았다.

요컨대 인류는 긴 시간 동안 자신의 문제에 고민하지 않고 진화해 온 것이다. 그렇게 생각하면 선택의 자유가 늘어난 현대를 살아가는 우리가 정체성의 대처에 힘들어하는 것은 당연한 일이다.

명확한 정체성이 있다면 야수를 가르칠 수 있다

정체성에 관해 긴 얘기를 한 것은 이것이 집중력에 있어 빠뜨릴 수 없는 기능을 가졌기 때문이다. 집중력의 향상과 자신감의 확립에는 어떤 관계도 없어 보이지만 사실 이 2가지는 떼려야 뗄 수 없는 관련성을 가지고 있다.

일례로 다음과 같은 장면을 생각해볼 수 있다. 당신은 일하는 데에 필요한 책을 읽는 중에 내용이 어려워서 조금이라도 정신을 딴 데 팔면 집중력이 흐트러져버린다. 하지만 그러는 동안 당신은 '힘을 내서 계속 읽어나가자!'라고 기합을 넣으며 어떻게 해서든 마지막까지 책을 읽는다.

물론 이것은 훌륭한 성과다. 제3장에서도 보았듯이 흐트러진 집중력을 몇 번이고 다시 모으려는 노력을 반복하면 당신의 집중력은 확실히 커나갈 것이다. 하지만 이 사례에서 보자면 다른 한편으론 당신이 여전히 자신을 '노력하면 책을 다 읽을 수 있는 사람'으로 무의식중에 정의내린 것도 사실이다. 이 생각은 집중력이 떨어질 때마다 야수에게 노력을 강요하는 꼴이 되어 장기적으로는 실패로 끝날 가능성이 높아진다.

그러나 여기에서 당신이 '나는 원래 독서가다'라고 자신을 정의

한 경우는 사태가 크게 달라진다. 만일 계속 집중을 할 수 없는 상황에 놓였다고 해도 반사적으로 '독서가'라는 자아상을 지키려고 하는 의식이 발동해서 책의 내용에 의식을 돌릴 확률이 자연스럽게 높아지기 때문이다.

사람의 이러한 행동은 전문 용어로 '인지부조화'라고 부른다. 모순된 사태에 놓인 인간은 본능적으로 불편함을 느끼고 자신도 모르는 사이에 태도를 바꾸는 현상을 가리키는 말이다.

그 예로 흡연가들의 유명한 이야기가 있다. 담배가 몸에 나쁘다는 것은 상식이지만 욕구를 참을 수 없는 흡연가들은 어떤 근거도 없이 '예전부터 피워왔지만 그렇게 몸에 나쁘지 않다'라고 생각해서 실제의 피해 상황을 낮게 가늠한다는 것이 많은 조사에서 밝혀졌다. 담배를 계속 피우고 싶어서 틀린 '이야기'를 채용해버린 탓이다.

독서가의 예에서 보았던 집중력 향상의 구조도 기본은 이와 같다. 책 내용에 집중을 할 수 없을 때 당신은 '책을 읽고 싶지 않은 나'와 '독서가인 나'라는 2가지로 나눠 그 틈에 인지부조화가 일어난다. 이 불편함을 해소하려면 자신의 정체성을 지켜나가는 수밖에 없는데 그렇게 되면 야수는 책의 내용에 주의를 기울이려고 작동하기 시작할 것이다.

즉, 본 장에서 지향하는 것은 당신의 자아상을 다시 정의내리는 것이다. 달리기에 집중했다면 '나는 달리기 선수다'라고 자신을 정의하고, 일에 집중했다면 '나는 일을 잘하는 사람이다'라고 자신을 정의한다. 목표에 따라 최선의 정체성을 만들어두면 의식적인 노력을 하지 않아도 우리들의 집중력은 자연스럽게 최적화된다.

그리고 자신을 다시 정의내리는 데에 놓쳐서는 안 되는 것이 조련사의 능력이다. 앞서 언급한 대로 논리의 힘으로 정체성을 만드는 것이 이야기의 역할이었지만 야수의 힘으로는 원인과 결과를 일관된 흐름으로 정리할 수 없다. 이에 반해 정보를 일렬로 처리할 수 있는 조련사라면 흩어진 정보를 이어서 하나로 엮은 이야기를 만들 수 있다.

즉, 본 장이 목표로 하는 단계는 다음과 같다.

① **집중력 향상에 도움이 되는 새로운 이야기를 만든다**
② **이야기에 따른 행동을 계속해서 야수를 설득한다**

'새로운 이야기'라는 이름의 무기를 조련사에게 장착해 그 내용에 야수가 설득당할 때까지 끈기 있게 하는 것이다. 결국 야수가 새로운 이야기를 받아들이면 집중력의 저하를 최대한 막을 수 있다. 일단 이 상태가 되면 자잘한 요령에 의지할 필요도 없기 때문에 그 점에서는 집중력 향상의 궁극적 형태라고 할 수 있다.

2

자아상을 개선하는
5가지 방법

기본은 역시 반복하는 것이지만 지름길도 있다

이야기의 힘으로 야수를 설득하려면 제4장에서 소개한 '나만의 의식'의 방법이 여기에서도 크게 효과를 보인다. 야수의 내면에 물든 오래된 자아상을 바꾸는 작업은 하루아침에 되는 것이 아니라 같은 작업을 몇 번이고 반복해야 하기 때문이다.

많은 자기계발서들은 '고집을 버리면 무엇이든 잘 풀린다!'라고 외쳐대지만 개인의 가치관이 그렇게 간단히 재정비될 수 있다면 걱정이 없을 것이다. 우리들이 가진 가치관이란 긴 시간 동안 살아가면서 조금씩 쌓아올린 생활 습관 같은 것이어서 개선하려면 그에 알맞은 시간이 필요하다.

사실 '심리도식치료(schema therapy, 내담자의 심리도식을 추적하여 이를 인식하고 변화시키는 데 주안점을 두는 상담요법)' 같은 개인의 자아상을 바꾸는 유형의 심리요법에서는 치료 기간이 5년을 넘는 일도 흔하다. 일단 뇌에 스며든 가치관을 바꾸는 일은 그만큼 어려운 작업이다.

이제껏 살펴본 '보상감각 플래닝'(P.88 참조)이나 '의식 쌓기'(P.134 참조)라는 방법은 모두 이야기를 만드는 수단으로도 사용할 수 있다. 왜냐하면 양쪽 모두의 방식이 '이런 일이 생기고 나면 저런 일이 생긴다'라는 이야기의 기본 구조를 가지고 있어서 그 덕분에 일상의 작업에 명확한 극본이 만들어져 추상성을 싫어하는 야수를 설득하기 쉽기 때문이다.

특정의 의식을 매일 반복하면 반드시 야수의 내면에는 변화가 일어난다. 착실하게 일과 공부를 해낸 사실에 야수가 조금씩 납득을 하면서 '나는 집중력을 갖춘 생명체다'라는 새로운 이야기가 머릿속 깊은 곳에 설치되어가는 것이다. 올바른 정체성을 확립하기 위해서는 의식이라는 사고방식을 빼놓을 수 없다.

다만 의식의 효과가 나타나기까지는 시간이 걸리는 탓에 도중에 의욕이 시들해지는 사람도 생길 것이다. 기본적으로 집중력의 기본 수준은 서서히 오를 수밖에 없어서 효과를 체감하기 어려운 측면이 있다.

따라서 이제부터는 더 간편하게 새로운 이야기를 만들어내는 방법을 중요하게 다루기로 한다. 자아상을 수정해서 다시 정의하려면 어디까지나 의식을 반복해 실천함으로써 착실한 성과를 쌓아 올려야 한다. 그렇게 하는 것이 가장 쉬운 길인데 그 수준에 빨리 도달하는 방법이 있다. 그 구체적인 5가지 방법을 실천하기 쉬운 순서대로 살펴보자.

LEVEL 1 ▶▶▶ 스테레오 타이핑

스테레오 타이핑stereotyping이란 유능한 사람을 마음에 그리는 것만으로도 성과가 향상되는 현상을 가리키는 말이다. 잘츠부르크 대학의 연구에서는 사전에 '우수한 대학교수'의 인상을 머릿속에 그린 피검자는 그렇지 않은 집단보다도 자신의 지식에 자신감이 상승했다. 그에 따라 집중력도 높아졌고 일반상식 시험의 결과도 좋게 나타났다.[1]

또한 그 후로 실시된 실험에서도 국가대표 수준의 운동선수를 떠올린 피검자는 역시 운동 테스트 결과 성적이 향상되었다. 이런 경우를 보아도 자신감 상승에 따른 집중력 향상이 성과의 향상으로 이어지는 듯 보인다.[2]

비슷한 연구는 매우 많다. 앨런 튜링과 같은 천재수학자를 떠올리면 실제로 수학시험 성적이 올라가고, 간디와 같은 박애주의자를 생각하면 타인에게 친절한 행동을 베푸는 횟수가 늘어난다고 알려져 있다.[3] 우수한 사람들을 떠올리는 것만으로 우리는 그들의 특성에 따른 행동을 취하기 쉽다는 것이다.

스테레오 타이핑에는 당신이 만든 이야기에 색채를 더할 수 있는 기능이 있다. 재미있는 이야기를 만들려면 개성적인 캐릭터가 빠져서는 안 된다. '나는 집중력을 갖춘 사람이다'라는 이야기를 야수에게 납득시키는 것은 매우 고독한 작업이어서 지루해지기 쉽다. 그런 상황에 요다나 간달프와 같이 자신을 매혹시키는 캐릭터가 있다면 당신의 이야기는 제법 명확한 틀을 갖출 수 있을 것이다.

만일 프레젠테이션의 집중력을 높이고 싶다면 스티브 잡스의 모습을 상상해도 좋고, 일에 푹 빠져보고 싶다면 주변의 하이퍼포머를 떠올리는 것도 좋다. 일을 하기 전에 15~30초가량의 여유를 갖고 누구라도 유능한 사람의 모습을 떠올려보자.

LEVEL 2 >>> 전업

전업 job changing은 조직심리학의 세계에서 일의 동기부여를 위해 고안한 기법이다. 내용은 매우 간단하다.

- 문제가 되는 과제에 대해 새로운 타이틀을 만든다

이것이 전부다. 어린애 장난처럼 생각될지는 몰라도 새로운 타이틀을 붙이는 것은 무시할 수 없는 효과를 가지고 있다. 미국의 병원을 대상으로 한 연구에서는 일의 의욕을 잃은 청소 스태프들에게 다음과 같은 타이틀을 부여했다.

'청소는 치료 과정의 하나로 당신은 병원의 사절단이다'

그러자 청소 스태프들의 태도가 하룻밤 사이에 급변해서 모두 전보다 청소에 더욱 집중하기 시작했다. 예전에는 늦은 밤까지도 치워져 있지 않던 바닥과 화장실이 해 질 무렵 말끔히 닦여 있었다.[4]

'전업' 효과를 조사한 비평논문 중에 예일 대학의 연구팀은 이런 내용을 남겼다.

'새로운 타이틀은 단순히 태도를 바꾸는 것 이상의 효과를 가지고 있다. 그에 따라서 일을 하는 접근 방식이 바뀌고 결과적으로 집중력

에도 변화가 생기기 때문이다.'[5]

　자신을 병원의 사절단이라고 받아들이면 병원 내의 청소는 단순한 업무에서 환자를 치유하는 치료 과정 중 하나로 바뀌는 것이다. 그래서 청소 스태프들에게 큰 책임감이 생기고 일에 대한 집중력도 향상된다.

　다만 '전업'을 실천할 때에는 좋아하는 타이틀을 아무것이나 붙이는 것이 아니라 상황에 맞는 것을 골라야 한다는 점에 주의하자. 그림을 못 그리는 사람에게 만화가라는 타이틀을 주는 것은 아무런 의미가 없듯이 그 일을 수행할 수 없는 사람에게 아무리 하이퍼포머를 외쳐봤자 야수가 납득할 리 없기 때문이다.

　앞선 실험에서 효과가 있던 이유는 어디까지나 청소 스태프의 일을 다른 각도로 바라보자는 차원이어서 '청소라는 것은 치료 과정의 하나'로 말을 바꿔도 무리는 없었다. 적절한 타이틀을 붙이려면 현실을 기반으로 한 세심함이 필요하다.

　만일 자신에게 맞는 어떠한 타이틀도 찾을 수 없다고 생각될 때에는 이 책의 실천 내용을 타이틀로 붙여도 좋을 것이다. 'MIND 다이어트'(P.63 참조)를 실천하고 있다면 'MIND 다이어터'라고 해도 좋고 '보상감각 플래닝'을 실천하고 있다면 '보상감각 플래너'라고 해도 좋다. 더욱 구체적으로 '질문형 행동 디자이너'나 '심리대조 전문가'라는 타이틀을 붙여도 괜찮다. 이 정도라면 어떤 직함이어도 거짓말은 아니기 때문이다.

일단 직함을 정했다면 그 다음은 일에 착수하기 전에 '나는 보상 감각 플래너다'라고 다시 떠올려본다. 그렇게만 해도 심리적 효과를 확실히 얻을 수 있다.

LEVEL 3 >>> 지시적 독백

지시적 독백은 예전부터 스포츠 세계에서 집중력 향상을 위해 사용되어온 방법이다. 그 효과에 관해서는 확실한 근거들이 많다. 32건의 선행 연구를 정리한 2011년의 메타분석에서도 성과 향상에 대해 '0.43'이라는 효율성이 인정되었다.[6] 극적인 효과는 아니지만 실생활에서 사용할 정도로 충분한 의미가 있는 수치다.

지시적 독백이란 이름 그대로 혼잣말을 이용해서 집중력을 향상시키는 방법이다. 예를 들면, 근육 운동인 스쿼트의 집중력을 높이고 싶을 때 머릿속으로 다음과 같이 중얼거린다.

'바벨은 어깨에 제대로 올렸나? 무릎의 각도에 주의하고! 허벅지 근육을 잘 챙기고!'

집중하고 싶은 동작을 미리 언어로 자신에게 질문하거나 지시하는 형식으로 만들어둔다. 해외 영화에서도 주인공이 '총을 이렇게 쥐고 목표를 바라본다'라며 스스로에게 말을 하는 장면도 지시적 독백의 일종이다. 그 대응 범위는 매우 넓어서 공부나 일의 집중력 향상에도 사용할 수 있다.

• 공부를 할 때

지금 공부를 하다가 멈춘 것은 어딘가 모르는 부분이 있어서인가?

문제를 풀 수 있는 다른 접근법을 생각해보자!

아무리 해도 모르겠으면 다음 문제로 넘어가자!

• 일을 할 때

이 문서를 쉽게 작성하는데 도움이 될 만한 자료를 구할 수 없을까?

알고 있는 정보 중에서 정말 중요한 것을 놓치지 않게 노력하자!

여기에서 중요한 것은 '나라면 할 수 있어!', '오늘은 최상의 기분이야!' 등의 자신을 북돋우는 혼잣말은 사용하지 않는 것이다. 이런 식의 혼잣말은 '의욕적 독백'으로 부르며 일시적으로 집중력을 높이는 역할은 하지만 일이나 공부와 같은 복잡한 업무에는 적합하지 않다.

지시적 독백을 사용할 때에는 어디까지나 작업 중에 해야 할 일을 말로 바꾸는 것이 중요하다. '이 질문의 요점은?', '해법의 순서는?'과 같이 객관적인 질문을 사용해도 좋지만 집중력이 떨어진다는 생각이 들면 '앞으로 5분만 계속하자!'라거나 '1분만 씨름해보자!'라고 구체적으로 자신을 격려하는 것도 효과가 있다.

만일 마땅한 독백이 생각나지 않으면 다음과 같은 질문을 스스로에게 던져도 좋다. 모든 질문은 교육과학의 세계에서 실제로 학생들의 성적 향상을 위해 사용된 것으로 집중력을 높이는 효과가 확인되었다.[7]

- 집중력은 어째서 떨어지는 것일까? 작업이 어려워서일까? 아니면 무언가에 방해를 받아서일까?
- 집중력이 떨어지는 원인을 해결할 방법은 없을까?
- 나는 눈앞에 있는 일을 즐거워하며 하고 있나? 만일 즐겁지 않다면 이유는 무엇일까?
- 대량의 정보에 혼란스럽지 않은가? 만일 혼란스럽다면 많은 정보에서 중요한 것을 간추릴 방법은 없을까?
- 눈앞의 작업을 해내기 위해서 다른 자료를 구할 수 없을까? 그 자료를 얻기 위해 무엇을 해야 할까?
- 이 작업에서 가장 힘든 점은 무엇인가? 힘든 점에 대해 다른 접근은 할 수 없을까? 가장 이해할 수 없는 부분은 어디일까?
- 집중할 수 없는 문제에 대해 타인의 도움을 받을 필요가 있을까?

- 내가 어느 부분에서 고민하고 있는지 확실히 알고 있나? 확실하지 않다면 어떻게 하면 조금 더 해결할 수 있을까?
- 지금 하는 작업의 난이도는 알맞은가? 너무 어렵지는 않은가? 아니면 너무 쉽지는 않은가?
- 일에 흥미를 갖게 되는 방법은 없을까?

이런 질문들이 효과적인 이유는 '새로운 이야기'가 뇌에 스며들기까지 야수는 금방 예전 방식으로 돌아가려고 하기 때문이다. 익숙한 방식을 좋아하는 것은 인류의 공통된 심리다. 조련사가 아무리 '이것이 새로운 자아상이다'라고 외쳐도 야수가 납득하지 못하는 사이에 바로 제자리로 돌아가고 만다.

그렇기 때문에 잠시 문제가 일어나는 동안에는 조련사가 야수에게 세세한 지시를 계속해야만 한다. 일이 있을 때마다 구체적인 순서를 따라서 올바른 자아상을 제시해 잘 따라오게 하는 것이다. 이 작업을 반복하면 결국에는 아무것도 하지 않아도 야수가 자동적으로 움직인다. 그러기까지 포기하지 말고 계속 지시적인 독백을 실천해보자.

LEVEL 4 ››› VIA SMART

'VIA SMART'는 노스센트럴 대학의 실험에서 효과가 입증된 집중력 향상 기법이다.[8] 타고난 장점을 되살리는 것이 이 방법의 요점인데 VIA SMART를 사용한 피검자는 균등하게 집중력이 오르더니 마지막 목표점에서는 성취도가 2~3배나 월등히 올랐다고 한다.

입증된 자료의 질적 수준이 아직은 그리 높지 않아 보충은 필요하지만 이 정도의 효과가 나온다면 시험해볼 가치는 있다. 다음은 그 구체적인 순서다.

Step 1 ››› 테스트에서 장점을 선택한다

먼저 아래 VIA 사이트에 들어가 무료로 진단 테스트를 받는다. VIA는 긍정심리학의 자료를 근거로 만들어진 테스트로 당신의 선천적 장점을 무료로 판단해준다. 모든 질문에 대답을 하고 나면 호기심이나 사고력 등 당신이 가진 장점의 최상위인 5가지가 표시되므로 그 안에서 가장 마음에 드는 하나를 선택한다. 직감으로 와닿는 장점을 고르면 된다. (VIA 사이트 : www.viacharacter.org/survey/account/register)

Step 2 ››› 장점을 살리는 방법을 생각한다

다음으로 STEP 1에서 선택한 장점을 매일의 목표나 작업에 활용할 방법을 생각한다. 몇 가지 예를 들어보자.

- 〔창조성〕이라는 장점을 공부에 집중하는 데에 활용하고 싶다면 새로운 학습법을 생각해서 실천해본다 (지금까지는 참고서를 첫 장부터 풀어왔지만 새롭게 다른 곳에서부터 시작한다는 식으로)

- 〔비판적 사고력〕이라는 장점을 일에 집중하는 데에 활용하고 싶다면 현재 일하는 방식에 문제는 없는지 생각하고 개선해본다 (일을 너무 많이 맡았으니 일을 맡기 전에 세밀한 계획을 세운다는 식으로)

- 〔호기심〕이라는 장점을 연습에 집중하는 데에 활용하고 싶다면 지금까지 해본 적이 없는 운동에 도전한다 (지금까지는 달리기 중심이었으므로 테니스를 시도해본다는 식으로)

어떤 장점이라도 당신이 지향하는 목표로 이어지는 연결점은 반드시 있기 마련이다. VIA 테스트에서 표시된 장점의 해석을 잘 읽어가며 자신의 능력을 깊이 있게 찾아내길 바란다.

Step 3 ››› SMART로 계획을 세운다

장점을 되살리는 방법을 생각했다면 마지막으로 'SMART'를 사용해서 실천 계획을 세워보자. 'SMART'에 관해서 알고 있는 독자도 많을 것이다. 구체적인 계획을 세우고 싶을 때 사용하는 기본 구조 중의 하나로 다음과 같은 머리글자로 구성되어 있다.

- Specific(구체성) = 가능한 한 구체적이고 명확한 목표를 설정한다
- Measurable(측정 가능성) = 목표의 성취도가 숫자로 파악될 수 있도록 한다
- Achievable(달성 가능성) = 허황된 목표가 아닌 현실적으로 달성할 수 있는 수준을 선택한다
- Related(관련성) = 그 계획이 중요한 업무의 내용과 관련이 있는지를 확인한다
- Time-bound(정확한 기한) = 언제까지 목표를 달성해야 하는지를 정한다

이러한 지침을 따라 당신의 장점을 살리기 위한 구체적인 계획을 세운다. 가령 '학구열'이라는 장점을 공부에 집중하는 데에 사용하고 싶다면 다음의 계획이 필요하다.

- 구체성 = 학구열을 발휘하기 위해 통계학 교과서를 공부한다
- 측정 가능성 = 하루에 3쪽씩 해나간다
- 달성 가능성 = 3쪽씩 하면 6개월 안에 마칠 수 있다

- 관련성 = 통계학을 공부하면 지금 하는 일의 문제점을 찾아낼 수 있다
- 정확한 기한 = 올해 5월까지 한 권을 끝낸다

당신의 선천적인 장점이 영화나 만화의 캐릭터가 가진 특수한 능력이라고 가정해보자. 특수한 능력의 존재가 이야기에 커다란 영향을 미치는 것은 두말할 필요도 없을 것이다. '엑스맨'이나 '어벤져스' 같은 각각의 캐릭터가 가진 특수한 능력을 다 쓰지 않으면 이야기는 고조되지 않는다.

그런 의미로 'VIA SMART'의 방식은 당신의 특수한 능력을 올바르게 되살리고 인생의 이야기에 색채를 더하는 것이다. 아무쪼록 잘하지 못하는 분야에 손을 대서 실패를 반복할 것이 아니라 잘하는 일을 계속해내서 작은 성공들을 하나하나 쌓아나가길 바란다.

LEVEL 5 ›››› 피어 프레셔

새로운 이야기를 만드는 데에 최대의 효과를 가진 것이 피어 프레셔 peer pressure다. 직역하자면 '동료로부터 받는 압력'으로 풀이되는데 당신의 친구나 직장 동료로부터 느끼는 심리적인 압박감을 의미한다.

언뜻 봐서는 부정적인 느낌이 들지만 반드시 그런 것만은 아니다. 사용법만 틀리지 않는다면 피어 프레셔는 최고의 성과 향상을 위한 도구로 작용할 수 있다.

하버드 대학의 2012년 논문을 살펴보자. 연구팀은 먼저 여러 명의 투자분석가 자료를 조사해 그중에서도 상위의 성적을 내고 있는 1,052명을 엄선했다. 당연하게도 모두가 스스로를 하이퍼포머라고 자신하는 사람들이었다. 그런 후에 연구팀은 투자분석가 중에서 다른 기업으로 이동한 사람이나 직접 회사를 차린 사람을 선별했다. 그들이 지금까지와는 다른 사람들과 일을 시작한 뒤에도 같은 성적을 유지할 수 있는지의 여부를 조사했다.

그 결과 놀라운 일이 벌어졌다. 업무 환경이 바뀐 투자분석가들 중에서 이전과 같은 수준의 성과를 올리고 있는 것은 약 50%였다. 나머지 절반은 반대로 성적이 저하되어 조사 개시일로부터 5년이 지나도 예전의 성과로 돌아가지 못했다.[9] 이러한 경향은 투자분석가의 월급이나 개인적인 건강 상태라는 여러 요소를 감안했음에도 마찬가지였다.

비슷한 조사는 그 외에도 많다. 앞선 연구와는 별개로 약 2천 명의 사무원을 대상으로 한 하버드의 다른 연구에서도 평균적으로 사람들의 생산성의 10% 이상은 옆에 앉은 사람의 수준으로 결정된다는 결론을 내릴 수 있었다.[10] 인간의 성과를 좌우하는 것이 팀원만은 아니지만 주변에 있는 동료나 친구의 수준이 우리들의 성과에 커다란 영향을 미치는 것은 틀림이 없다. 말하자면 성공하는 사람을 가까이 하면 당신도 성공하는 사람이 되고, 주변의 생산성이 낮으면 당신의 생산성도 낮아진다는 것이다. 피어 프레셔가 이렇게 큰 효과를 가진 것은 인류가 사회적인 동물로서 진화해왔기 때문이다.

사람은 사자의 이빨이나 말의 다리 근육과 같은 무기를 가지고 있지 않다. 그런 연약한 인간이 원시의 세계를 살아가기 위해서는 동료들과 밀접하게 연락을 취하고 집단의 힘으로 위협에 맞서 싸우는 것이 최선의 전략이었다. 따라서 우리들의 뇌에는 동료의 사고나 행동에 쉽게 영향을 받는 구조가 만들어졌던 것이다.

아프리카의 부시면족이 밤마다 대화를 나누는 것도 집단 전체의 수명을 연장하기 위한 중요한 생존 전략 중의 하나다. 그들은 '우리들이 존재하므로 내가 존재한다'라는 격언을 대단히 소중하게 여기면서 공동체의 이점을 최대한 활용하도록 행동한다.

다시 말해 피어 프레셔란 '이야기'에 있어서는 공명 장치와 같은 것이라고 할 수 있다. 비슷한 동료들이 서로 '이야기'를 교환하면서 공명 작용을 일으켜 '이야기'의 영향력이 더욱 강화되어온 것이다. 물론 이와 같은 심리 구조는 사람들의 행동에도 막대한 영향을 준다. 그러한 증거로 본래 심리학의 세계에서는 '집중력은 전염된다'는 현상이 예전부터 확인되어왔다.

예컨대 어떤 실험에서는 학생들에게 2인 1조로 조를 짜서 집중력을 측정하는 간단한 게임을 하도록 했더니 한 사람이 집중하면 자동적으로 다른 사람의 집중도가 향상되었다. 흥미로운 것은 모니터의 중앙에 칸막이를 설치하고 서로의 게임 상황을 볼 수 없음에도 집중력의 전염은 일어났다. 말하자면 우리들은 타인으로부터 집중도를 조종당하고 있는 것이다.[11]

그 정보가 무엇인지 아직 알지 못하지만 타인의 자세나 호흡이라는 섬세한 정보일지도 모르고 체취의 변화를 무의식적으로 맡고 있는지도 모른다. 어쨌든 당신의 머릿속에는 타인의 집중력에 자신을 동조시키는 구조가 존재하고 있는 것이다.

피어 프레셔를 올바르게 사용하기 위한 법칙은 한 가지로 압축된다.

- **집중력이 높은 사람들과 함께한다**

이러한 전제만 지킨다면 무엇을 하든 효과를 얻을 수 있다.

- **열심히 공부하는 사람들이 모이는 도서관에 간다**
- **같은 목표를 가진 사람들이 경쟁하는 모임에 참가한다**
- **회사 안의 하이퍼포머와 친구가 된다**

이 가운데에 무엇이든 적당한 압박감이 생기면 집중력은 분명 향상될 것이다. 만일 주변에 알맞은 상대가 없다면 인터넷상의 가상 커뮤니티에서 접점을 찾는 것만으로도 충분하다. 예를 들면 현실 세계의 접촉이 없어도 '나는 집중력이 높은 사람들의 일원이다'라는 인식이 생겨서 당신의 내면에는 진취적인 압력이 생겨난다.

'이야기'의 힘으로 새로운 자아상을 만들어내는 것은 시간이 많이 드는 작업이다. 의식을 하지 않아도 자연스럽게 집중력이 유지되도록 하기 위해서는 본 장에서 살펴본 방법을 계속 사용하면서 새로운 이야기를 몇 번이고 야수에게 전달해야 한다.

그 과정에는 고통이 따르는 법이어서 적당한 '이야기'로 도망치고 싶어지기도 할 것이다. "진정으로 원하는 것은 이루어진다"라고 설파하는 영적인 지도자나 "잠재의식을 리셋하면 인생을 바꿀 수 있다"라고 주장하는 자기계발의 선동가, "당신 그 자체로도 괜찮다"라고 유혹하는 대중심리학의 지도자들이 그 예다.

확실히 이들의 '이야기'를 채용하면 자신을 쉽게 정의할 수 있지만 어느 것도 현실적인 자료를 근거로 한 것이 아니어서 결국에는 단기적인 불안감만 높이고 끝나버린다. 정체성의 구축을 위해서는 어디까지나 착실한 작업을 반복하는 수밖에 없다.

그리고 무엇보다도 타인이 정한 이야기에 일일이 영향을 받는다면 정체성은 영원히 정착될 수 없다는 걸 기억하자. 자신의 '이야기'란 어디까지나 당신 자신이 정의해야 할 문제인 것이다.

Chap
5

나를 바라본다

◆ 마음챙김으로 차분한 집중력을 되찾는다 ◆

새롭게 밝혀진
'의지력'의 2가지 사실

의지력은 줄어들지 않는다?

'의지력은 사용하면 줄어드는 것이다'라는 얘기를 들어본 사람은 많을 것이다. 심리학의 세계에서는 '자아고갈ego depletion'이라는 용어로 부르는데 다음과 같이 설명할 수 있다.

① 인간의 뇌에는 한정된 에너지밖에 존재하지 않는다

② 어떤 일을 견뎌가며 의지력을 사용하면 그동안 에너지가 소비된다

③ 에너지를 다 쓰면 더 이상의 자제력은 작동하지 않는다

이해하기 쉬운 설명이다. 일이 끝나면 스위치가 완전히 꺼져서 다이어트를 한다면서도 아이스크림을 잔뜩 먹거나 운동을 하고 싶은 의욕도 사라지는 경험은 누구나 해봤을 것이다. 자아고갈은 이러한 현상을 잘 설명해준다.

이 용어는 1990년대부터 세계로 퍼져나가 스탠퍼드 대학 같은 수준 높은 기관이 보증을 서기도 했었고, 그동안 비즈니스 서적의 단골 메뉴이기도 했다. 그만큼 의지력이 약해지는 데에 많은 이들이 고민을 해왔다는 증거다.

하지만 최근에 와서 '의지력은 줄어드는 것이 아니지 않을까?'라는 가설이 떠오르고 있다. 지난 2014년, 마이애미 대학이 과거에 출판된 '자아고갈'에 관한 200건이나 되는 자료를 재분석해서 '출판 편향이 있다'라고 결론지은 것이 계기가 되었다.[1] 출판 편향이란 특정 가설에 알맞은 논문만이 전문지에 개제되는 경향을 뜻하는 전문 용어다. 마이애미 대학은 '자아고갈은 과학적 근거가 없다'라고 지적했다.

이 보고를 인정해서 2016년에는 커틴 대학이 2,141명의 남녀를 대상으로 추가 실험을 실시했다.[2] 그전보다 대규모 수의 사람들을 모집해서 '자아고갈'이 옳은지의 여부를 재확인한 연구였다. 결과는 역시 효과가 전혀 없는 것으로 판명되었다. 23개의 연구소에서 실시한 실험 중에서 의지력이 조금씩 줄어드는 현상은 어디에서도 확인되지 않았다.

논의는 지금도 계속되고 있어서 아직 '자아고갈'이 완전히 틀렸다고 결론 내리기는 이르다. 다만 최근에는 다시 테스트를 해본 결과 효과가 인정되지 못하는 경우가 계속 이어지고 있어 이제야 많은 심리학자들이 '의지력은 사용하면 줄어든다'라는 생각에 질문을 던지고 있는 실정이다.[3]

의지력과 당분은 관계가 없다?

'자아고갈'설이 흔들리면서 이제는 '의지력을 유지하려면 당분을 보충해야 한다'라는 가설도 부정당하는 추세에 있다. 혈당치가 중시된 이유는 '자아고갈'은 당질이 원인이라고 생각해서였다. 인간의 뇌는 에너지원으로 포도당을 사용하기 때문에 뇌의 기능을 하락시키지 않으려면 정기적으로 당분을 보충해서 혈당치를 안정시켜야 한다고 주장해왔다.

이러한 발상도 비즈니스 서적의 단골 메뉴여서 집중력을 유지하려면 3~4시간에 한 번은 무언가를 섭취해야만 한다거나 저혈당 식품으로 적절한 혈당치를 유지하자는 말이 유행처럼 퍼졌다. 하지만 2015년이 되자 이런 흐름에도 의문점이 생기기 시작했다. 혈당치와

의사 결정에 관한 36건의 논문을 조사한 메타분석에 따르면 혈당치는 식사가 관련된 경우에만 영향을 주는 것으로 나타났다.[4]

예를 들어 뇌내의 포도당이 줄어들면 초콜릿을 먹고 싶다는 유혹에는 약해지지만 '독서에 집중해야 한다'처럼 식사와 관계없는 일에는 어떤 영향도 주지 않는다. 다시 말해 혈당치는 의지력의 증감에 관계가 없다는 것이다.

의지력을 아무리 써도 포도당의 소비량은 변함이 없다는 사실은 뇌과학의 세계에서는 이미 잘 알려진 사실이다. 뇌의 기능은 근육과는 다른 짜임새를 가지고 작동하며 힘든 공부를 할 때나 빈둥거리며 인터넷 동영상을 보고 있을 때나 포도당은 똑같은 양으로 소비된다. 또한 뇌 전체의 소비 에너지는 1분에 0.25kcal에 지나지 않아서 편의점 계산대 옆에 즐비한 쿨민트 사탕류 한 알의 10분의 1 정도의 포도당밖에 사용하지 않는다.[5] 물론 온종일 아무것도 먹지 않으면 결핍증을 불러오겠지만 일반적인 식사를 하면 문제없이 보충되는 수준이다.

이해하기 어려운 사람도 많을 것이다. 열심히 일한 뒤에 단것을 먹으면 추진력이 되살아나는 경험은 누구나 해보았기 때문이다. 또한 의지력이 남아 있으면 집중력도 유지되니 이 같은 문제는 일어날 리 없다고 생각되었던 것이다. 과연 이 현상은 어떻게 설명하면 좋을까?

결론부터 얘기하자면 '자아고갈'의 논의는 감정 조절의 문제로 새롭게 파악할 수 있다. 특정의 일에 대해 거부 반응을 나타내는 야수를

어떻게 제어해야 하는지 생각해볼 문제라는 것이다.[6]

어렵게 들릴 수도 있으나 본질은 매우 단순하다. 열심히 집중을 하면 스트레스가 쌓이는데 단것을 먹으면 기분이 좋아져서 의욕이 되살아난다…. 이런 흔한 경험을 조금 엄밀하게 정의한 것에 지나지 않는다.

가령, 지금 당신이 공부를 하기 싫다는 생각이 들어도 좋아하는 사람이 함께 숙제하자고 하면 금방 의욕이 되살아날 것이다. 아무리 '오늘은 더 이상 집중력이 생기질 않아' 하고 느껴도 '2시간 후면 서류 마감 시간이다!'라고 생각하면 즉시 정신을 차리게 된다. 당신 속에 깃든 야수는 외부의 압력에 따라 추진력의 우선순위를 쉽게 바꾸기 때문이다.

사실, 조지아 대학의 실험에서도 설탕물로 가볍게 입을 헹구기만 해도 피검자의 주의력은 향상되고 지루한 작업을 수행하는 속도로 빨라진다는 결과가 나와 있다.[7] 의지력을 되살리는 데에 포도당이 정말로 필요하다면 이러한 현상은 일어날 수 없을 것이다. 다시 말해 의지력이 사라진 상황이란 부정적인 기분 때문에 자신을 조절하는 것이 싫어진 야수가 일의 우선순위를 바꿔버린 상태라고 생각할 수 있다. 결코 뇌의 연료탱크가 비었기 때문은 아니다.

2

자제하려면
자성이 필요하다

우리들의 일상은 감정과의 싸움의 연속이라고 해도 과언이 아니다. 어떤 일에 집중하고 있는 상황에도 친구가 신나는 파티에 가자고 하면 결심은 흔들리고, 대출이나 취직이라는 고민이 많은 상황이면 주어진 일에 몰두하기 힘들다. 그러다가 감정에 휩쓸리면 집중력은 방향을 잃고 만다. 의지력을 유지해서 높은 집중력을 지속하려면 격한 감정의 파도를 조절할 필요가 있다.

그래서 필요한 것이 본 장의 주제인 '나를 바라보는' 능력이다.

당신의 감정을 올바르게 조절하려면 자신을 지그시 관망하는 작업을 잊어서는 안 된다. 이를 위해 감정의 특성을 간단하게 설명하기로 한다.

서장에서도 살펴본 대로 야수는 모든 자극에 반응하고 감정의 파도를 일으켜 우리들을 조종하려고 한다. 일이 어려워서 진행이 되지 않을 때 야수는 먼저 초조하거나 지루하다는 감정을 만들어내고 주어진 일에서 도망치려는 계략을 꾸민다. 그리고 구입한 지 얼마 안 된 게임에 관심을 가지거나 SNS의 알림에 기대감을 가지면서 어떻게 해서든 당신의 주의력을 빼앗으려 한다. 이때 어떤 대책을 세우지 않으면 우리들은 순식간에 감정의 파도에 휩쓸리고 말 것이다.

마이크로소프트의 연구에 따르면 우리들은 평균 40초에 한 번씩 다른 것에 정신을 팔면서 감정과의 싸움을 계속한다.[8] 만일 싸움에서 지면 당신의 집중력을 제자리로 되돌리는 데에 약 20분이 넘게 걸리니 이렇게 아까운 시간이란 세상에 없을 것이다.

그러나 다행히도 야수가 만들어낸 감정은 강도가 세기는 해도 지속 시간이 짧다는 특징도 가지고 있다. 식욕이 급격히 늘어서 고민하는 피검자를 대상으로 한 실험에서는 그들이 '뭔가 먹고 싶다'는 생각이 들자마자 '테트리스' 게임을 하게 한 결과, 불과 1~3분 만에 도파민의 양이 줄고 식욕이 24%나 줄어들었다.[9] 테트리스 덕분에 일시적으로 음식에서 관심이 멀어져 강렬한 식욕에서 벗어날 수 있었다는 예다.

여러 연구 자료를 가지고 평균치를 계산해보니 감정의 폭주는 길어도 10분 정도밖에 지속되지 않았다. 이 시간만 극복한다면 야수의

지배력은 힘을 잃고 조련사도 조절 능력을 되찾을 수 있다.[10]

그렇다고 일을 하다가 집중이 되지 않으면 언제까지나 테트리스만 하면서 놀 수는 없는 노릇이니 일상에서 집중력을 갖기 위해서는 다른 전략이 필요하다. 그것은 바로 '나를 바라보는' 능력의 강화다.

평정심을 가진 나로 돌아오는
'초연한 마음챙김'

야수의 충동을 무시해버리자!

'나를 바라보는' 능력이란 구체적으로는 다음과 같은 기술을 발휘한 상태를 의미한다.

> **상황)** 공부를 하고 있다가도 갑자기 스마트폰 게임을 하며 놀고 싶어진다
> ⇩
> **나를 바라보는 기술)** '야수가 또 눈앞의 즐거움에 끌려서 나를 조종하려고 하는구나. 그러든 말든 내버려두고 5분만 계속 공부하자'라고 생각하며 다시 공부를 계속한다

감정의 파도를 단지 계속 관찰하면서 신경전달물질의 영향력이 완화될 때까지 그냥 스쳐 지나치면 본래의 작업에 순조롭게 복귀할 수 있다. 말하자면 폭주하는 야수로부터 일단 거리를 두어야 한다는 뜻이다. 야수로부터 멀리 떨어질 수 없으면 힘없는 조련사는 금방 휩쓸리고 말 것이다.

SNS를 점검하고 싶어도 그 충동을 무시하고 하던 작업으로 되돌아간다. 갑작스러운 소음에 짜증이 나도 그 감정을 무시하고 눈앞의 일에 의식을 되돌린다. 운동을 가기 싫어도 귀찮다는 기분을 무시하고 밖으로 나간다.

그대로 몇 분만 지나면 신경전달물질의 영향력은 자연히 치유되고 조련사가 지배력을 되찾게 된다. 이러한 마음의 기능을 일컬어 심리학에서는 '초연한 마음챙김detached mindfulness'이라고 부른다. '마음챙김'이란 말을 들어본 사람은 많을 것이다. 지금 이 순간에 마음을 집중해서 눈앞의 대상을 향한 의식을 계속 유지하는 것이다.

- 일을 할 때에는 오늘 아침 뉴스나 점심 식사 등을 생각하지 않고 오로지 지금 하고 있는 작업에만 몰두한다
- 식사를 할 때에는 스마트폰을 보면서 밥을 먹지 않고 오로지 먹고 있는 음식만을 생각한다

이렇듯 지금 내가 하고 있는 일에 모든 정신을 집중하는 것이 '마음챙김'의 특징이다. 한편, '초연함'은 '분리'나 '거리를 둔다'는 의미를 가진 단어로 여기에서는 사고와 감정으로부터 거리를 두는 행위를 가리킨다. 조금 전 예에서도 살펴본 대로 '놀고 싶다'거나 '귀찮다'는 감정에 휘둘리지 않고 조련사가 한 걸음 물러선 시점에서 계속 관찰을 하는 상태를 말한다. 즉, '초연한 마음챙김'을 한마디로 표현하면 다음과 같다.

- **생각이나 감정에서 거리를 두고 오로지 관찰만 하는 행위**

일단 생각이나 감정에서 거리를 두고 아무것도 분석하지 않으며 단지 관찰을 계속하는 것이 '초연한 마음챙김'의 기본이다. 그래도 아직은 이해하기 어려울 수 있으니 이제부터 실제로 '초연한 마음챙김'을 익히는 방법을 소개하기로 한다. 크게 3단계로 나눌 수 있다.

STEP 1 ▶▶▶ 비유로 파악한다

먼저 '초연한 마음챙김'을 충분히 이해하기 위해서 몇 가지 실험을 해보자. 편안하게 앉아서 다음 단어를 소리 내서 읽어보자.

* **사과 생일 해변 자전거 장미 고양이**

이때 당신의 마음에 어떤 일이 일어나는가? 사과나 고양이의 모습이 그대로 떠오를지도 모르고 어떤 생일에 관한 기억이 날지도 모른다. 어떤 변화도 없다면 그건 그대로 상관없다. 중요한 것은 극히 평범한 단어에 대해 당신의 내면이 어떤 반응을 했는지 알아내는 일이다.

몇 개의 단어를 다시 읽어보고 나의 마음속에 어떤 생각이나 감정, 인상이 떠오르는지, 혹은 떠오르지 않는지를 관찰해본다. 이러한 느낌이 '초연한 마음챙김'이다.

이것은 맨체스터 대학의 아드리안 웰스가 고안한 기법으로 '자유연상법'이라고 부른다.[11] 그는 자신의 치료에 '초연한 마음챙김'을 도입해서 우울증 치료에 큰 성과를 올리고 있다.

다른 하나는 '비유'를 사용하는 효과적인 방법이다. 이것도 역시 마음챙김 계열의 심리요법으로 유명한 기법인데 환자에게 관찰이라는 개념을 이해시키기 위해 사용되었다. 다음은 그 대표적인 방법 3가지다.

❶ '구름'이라는 비유

'초연한 마음챙김'은 구름 속에 있는 당신 옆으로 다른 구름이 지나가는 것을 바라보는 것과 비슷하다. 본래 구름이란 지구가 자신의 기후를 관리하기 위한 커다란 구조의 일부다. 구름의 형태를 바꾸거나 구름의 움직임을 조종하는 것은 불가능하고 시간을 허비하는 일이다. 자신의 생각이나 감정도 지나가는 구름의 관찰일기를 쓰는 것처럼 다뤄본다. 구름은 결국 지나가겠지만 하늘에 구름이 있는 동안은 관여하지 않는다.

위의 문장을 여러 번 읽으면서 되도록 선명하게 구름과 나의 관계를 그려본다. '초연한 마음챙김'이란 오로지 구름의 움직임을 기록하는 과학자 같은 느낌이다.

❷ '기차'라는 비유

나의 마음을 기차역처럼 생각한다. 생각과 감정은 역을 지나가는 기차다. 기차는 역에 한 번 멈춰도 결국 반드시 통과해가기 마련이다. 당신은 역에 서 있는 구경꾼이 되어 기차가 지나가는 것을 보고 있다. 기차에 올라타지 않는 이상 다른 곳으로 갈 염려도 없다.

이 비유는 생각이나 감정을 '반드시 지나가버리는 것'으로 인식하는 점이 중요하다. 자신이 타지 않은 기차가 지나가는 것을 바라보는 느낌 또한 '초연한 마음챙김'에 가까운 것이다.

❸ '목초지'라는 비유

사람의 말을 듣지 않는 소를 목초지에서 키운다고 생각한다. 이때 소의 주변에 좁은 울타리를 둘러쳐두면 소는 자유를 갈망한 나머지 거칠게 날뛰어서 오히려 피해가 커질 수 있다. 문제를 만들지 않으려면 차라리 소에게 충분한 크기의 목초지를 제공하고 아무리 자유롭게 돌아다녀도 문제가 생기지 않도록 하는 것이 낫다. 용인해준다는 것은 이렇게 목초지의 규모를 크게 만드는 행위와 비슷하다. 소가 원하는 대로 말을 듣지 않는 것은 그대로지만 적어도 문제는 일어나지 않는다.

흥미로운 것은 대부분의 사람들은 이렇게 비유를 이해하는 것만으로도 '초연한 마음챙김'을 어느 정도는 사용하게 된다는 것이다. 조련사가 야수와의 접근 방식을 이해한 덕분에 의식적으로 거리를 두려고 노력하기 시작하는 것이다.

이후에 당신의 내면에서 야수가 거칠게 날뛰면 좋아하는 비유를 떠올려서 구름이나 소를 바라보는 느낌으로 감정을 관찰하기 바란다. '자유연상법'을 실행할 때의 감각을 떠올려 당신의 내면에 일어난 변화를 멀찍이 바라보아도 좋다. 그렇게만 해도 야수의 폭주에서 몸을 피할 수 있는 가능성은 급격하게 높아진다.

STEP 2 ▸▸▸ 성역을 만든다

어떤 불교의 고승이 말하기를 보통 훈련이나 일은 정갈하게 관리된 공간에서 하는 것이라 했다.《레 미제라블》로 유명한 작가 빅토르 위고도 일을 하기 전에 고용인에게 모든 옷을 건네고 집필이 끝날 때까지 알몸으로 지내며 어디에도 나가지 않으면서 자신을 몰아넣었다고 한다.

'초연한 마음챙김'의 의미를 이해했으면 이제는 새로운 요령을 습득하기 위한 환경 만들기를 실천해보자. 야수의 주의를 끌 수 있는 것을 사전에 차단하고 일하는 곳을 당신만의 '성역'으로 바꾸는 단계다.

물론 빅토르 위고가 했던 방법을 똑같이 실천해야 한다는 의미는 아니지만 야수와 잘 어울리려면 환경을 미리 정비해 놓는 작업이 절대적으로 필요하다. 행동경제학의 세계에서는 '선택적 건축'이라고 부르는 방식인데 '초연한 마음챙김'을 제대로 실천하려면 빠뜨려서는 안 되는 요소다. 성역을 만드는 방법은 무수히 많지만 여기에서는 기본적인 지침만 전달하고자 한다.

❶ 장소의 관리

먼저 해야 할 일은 작업장의 조절이다. 알다시피 정리 정돈이 잘 되어 있지 않은 직장이나 공부방은 야수의 주의를 크게 분산시켜 놓는다. 바닥에 어질러놓은 만화책, 약이나 수건 같은 일용품 등 작업하는 데에 필요 없는 것은 전부 야수의 주의를 끌어 조련사의 힘을 약하게 만든다. 그중에서도 식욕과 성욕에 관련된 것은 야수의 폭주를 불러올 수 있으므로 철저하게 치워두도록 한다.

제3장에서 소개한 '나만의 의식'의 방법을 사용해서 하루의 시작은 일할 곳을 치우면서 출발한다는 습관을 설정해두는 것도 좋다. 기본적으로 일하는 곳에는 작업에 사용하는 자료 이외에는 아무것도 없는 것이 바람직하다.

이상을 대전제로 해서 그 외의 요령을 소개하기로 한다.

⊙ 전용 공간을 마련한다

방을 정리함과 동시에 작업장의 전용 공간화를 꾀한다. 내가 해야 할 업무의 종류에 따라 전용 작업 공간을 마련해둔다. 몇 가지 예를 들어보자.

• 공부를 할 때에는 자신의 방 책상에서만 한다

- 일을 할 때에는 식탁에서만 한다
- 집에서 운동을 할 때에는 거실에서만 한다

각각의 업무에 특정한 장소를 배정하면 그 일은 반드시 정한 장소에서만 하도록 한다. 아무리 해도 집중력이 유지되지 않을 때에는 일단 그 장소를 벗어나 다른 장소에서 휴식을 취하도록 한다.

굳이 일을 할 때마다 전용 공간을 설정해두는 것은 '이곳은 중요한 일을 하는 장소'라고 야수에게 철저하게 가르치기 위함이다. 인간의 뇌는 장소와 정보를 연결 지어서 뇌내의 데이터베이스에 기록하는 성질이 있기 때문에 반복적으로 같은 일을 하는 장소에 가면 자연스럽게 그때의 행동을 취하려 든다.

그 효과는 30년에 걸친 연구로 여러 번 확인되었는데, 학생을 대상으로 행했던 실험에서는 공부 전용 공간에서 학습을 한 피검자는 그렇지 않은 집단보다도 성적이 20~40% 범위에서 향상되었다고 한다.[12] 야수가 '이 공간은 공부를 하는 곳'이라는 느낌을 기억한 덕분에 평소보다 흥분하지 않았기 때문이다.

◉ 맞춤형 공간을 만든다

여러분 중에는 집에 전용 공간을 만들 여유가 없거나 회사에서 특정한 작업 공간밖에 제공하지 않는 경우도 많을 것이다. 특히 현대사회의 사무실은 문제가 많은데, 개방형 작업장은 칸막이로 둘러싸인 작업장보다 64%나 주의가 산만해지기 쉽다는 결과를 보였다.[13] 이런 경우는 작업 공간의 '상징화'를 추구한다. 상징화란 구체적으로 다음과 같은 행위를 의미한다.

• 방을 칸막이나 가구 등으로 구역을 나눠 공부하는 곳, 쉬는 곳, 독서하는 곳으로 공간마다 특정 기능을 배정한다

• 회사에 있는 책상을 동료들의 책상과 명확하게 구별할 수 있도록 일부를 변경한다(동료들의 책상이 지저분하다면 내 책상은 철저하게 정리하거나 나만 사용하는 특수한 노트나 문구를 배치하는 식으로). 또한 자신의 책상에서 식사나 취침 등을 하지 않고 일만 하도록 유의한다

이 모든 방법들이 작업 공간이나 공부하는 공간으로 뇌내에 확실하게 구분해주기 때문에 전용방을 마련하는 것과 같은 효과가 있다. 방을 가구로 구분 짓는 것이 어렵다면 마스킹테이프를 바닥에 붙여도 좋다. 그렇게만 해도 야수는 '이곳은 저곳과는 다른 목적이 있구나'라고 이해한다.

❷ 디지털 관리

현대사회에서 디지털 기기가 주의를 산만하게 만드는 중대한 원인이라는 것은 누구나 알고 있다. 끊임없이 밀려드는 SNS나 메시지의 알림, 불쑥 나타나는 팝업창, 하다 만 게임 등 온갖 요소가 야수의 주의를 끌어서 당신의 집중력을 순식간에 붕괴시킨다.

최근 연구에 의하면 스마트폰의 알림으로 우리들의 집중력이 끊기기까지의 시간은 불과 2.8초라고 한다.[14] 알림이나 팝업창을 본 직후 당신의 인지기능은 순식간에 저하되어 작업 효율이 무려 절반까지 떨어져버린다.

디지털 환경의 피해를 조절하는 방법을 살펴보기로 하자.

⊙ 전용 PC나 스마트폰을 준비한다

사치스럽게 들릴지도 모르지만 업무용과 개인용이라는 각기 다른 PC나 스마트폰을 준비하는 것이 이상적이다. 업무용 기기에서는 일에 관계없는 '즐겨찾기'나 어플, 동영상, 서류 등을 전부 없앤다. 반대로 개인용 기기에서는 일에 관계된 파일이나 어플을 모두 제거한다.

이러한 근거는 조금 전 살펴본 '맞춤형 공간'과 마찬가지로 야수에게 '이 기기는 업무 전용이다' 라는 인식을 주기 위해서다. 기본적으로는 '맞춤형 공간'이 효과가 더 높지만 어쩔 수 없는 사정으로 실천할 수 없는 사람은 이 요령을 사용하는 것이 좋다.

⊙ 사용자 계정을 나눈다

새로운 기기를 마련할 수 없는 경우에는 1대의 PC나 안드로이드 스마트폰에 여러 개의 계정을 만들어 업무용과 개인용으로 구분한다.

업무용 계정은 필요 없는 파일에 접근하지 못하도록 설정하고, 야수가 계정의 종류를 즉시 판별할 수 있도록 개인용 계정과 전혀 다른 바탕화면으로 바꾼다. 그리고 계정 사이를 쉽게 이동할 수 없도록 복잡한 비밀번호로 설정해둔다. 전용 기기를 마련하는 것보다 효과는 조금 떨어지지만 이것도 어느 정도는 주의가 산만해지는 것을 막을 수 있다. 작업장 변경이 허락되지 않는 회사에 근무하는 사람들은 적어도 사용자 계정의 구분은 해두는 것이 좋다.

⊙ 스마트폰의 매력을 없앤다

아이폰과 같이 여러 개의 계정을 설치할 수 없는 스마트폰은 다른 대책이 필요하다. 계정을 바꿀 수 없다면 스마트폰 자체의 매력을 낮추는 수밖에 없다.

최상의 대책은 친구나 파트너에게 스마트폰을 주고 일이 끝날 때까지 맡아달라고 하는 것이다. 그러한 상대가 없을 경우에는 옷장이나 장식장 속 같은 번거로운 장소에 스마트폰을 넣어두는 것이다. 물론 전원은 꺼두어야 한다.

만일 일 때문에 스마트폰을 사용할 수밖에 없는 상황이라면 미리 화면에서 일과 관계없는 어플을 제거해 홈화면을 거의 여백의 상태로 만들어둔다. 특히 게임이나 SNS 등의 어플은 1개의 폴더에 모아서 되도록 뒤편에 배치해둔다. 스마트폰의 매력을 더욱 저하시키려면 화면을 흑백으로 바꾸는 것도 좋은 방법이다. 아이폰의 설정에서 흑백음영을 켜면 전체 화면이 흑백으로 바뀐다. 실제로 해보면 알 수 있지만 이것만으로도 스마트폰의 매력은 상당히 낮아진다. 야수는 강렬한 색채에 강하게 끌리는 성질을 갖고 있어서 칙칙한 흑백 화면에는 크게 반응하지 않는다.[15] 흑백으로 된 게임이나 인스타그램을 상상해 보아도 알 수 있을 것이다. 일상적인 의존을 막기 위해서도 스마트폰 화면을 흑백으로 만드는 것은 권장할 만하다.

⊙ 콘텐츠 차단 기능을 사용한다

아무리 업무 전용 기기를 사용해도 인터넷을 사용하지 않으면 안 되는 경우가 생긴다. 이때에 무제한으로 사이트에 들어가게 되면 역시 집중력은 쇠퇴하고 만다.

현대사회에서 피해야 할 것은 뉴스와 SNS다. 뉴스가 우리들의 감정을 부채질하는 이유는 분노를 일으킬 만한 정보를 앞다퉈 보도하거나 아무 상관없는 타인의 문제를 선정적으로 다루는 식으로 갖은 수단을 다해 우리들의 주의를 끌려고 하기 때문이다. 또한 SNS는 예의를 벗어난 말들로 넘쳐난다. 그리고 직접 비난의 대상이 되지 않더라도 조금 부정적인 표현이나 타인 간의 싸움을 보는 것만으로도 당신의 집중력은 급격히 쇠퇴한다.

약 1,900만 건의 트위터를 분석한 연구에 따르면 부정적인 감정을 증폭시키는 기능이 매우 강해서 한 번의 욕설이나 비방 댓글이 온순한 유저를 과격하게 만들기도 한다. 이 문제를 피하기 위해서는 당연한 말이지만 정보의 섭취를 줄이는 수밖에 없다.

구체적으로는 'Freedom'이라는 콘텐츠 차단 어플을 사용하면 윈도우PC 나 맥 컴퓨터, 아이폰 등의 기기에서 뉴스 사이트와 SNS를 차단할 수 있 다.(https://freedom.to/downloads) 필자의 경우에도 콘텐츠 차단 어플에 SNS와 뉴스 사이트를 등록해서 일을 시작하고 8시간이 될 때까지는 연결되 지 않도록 설정해두었다.

❸ 소음 관리

소음에 관한 대책도 최근 들어 매우 중요해졌다. 주변 사람들의 말소 리, 에어컨 실외기 소음, 거리의 광고 방송, 건설 작업장의 진동음과 같은 일상의 소음은 모두 야수의 주의를 끄는 원인이 된다.

소음 대책으로 가장 좋은 것은 소음 제거 기능이 있는 헤드폰을 사 용하는 것이다. 최근에는 소음 차단 기술이 무척 빠르게 발달해 소니 나 보스BOSE 같은 고성능 기종이라면 시끄럽게 달리는 트럭의 엔진 소리도 도서관 소음 수준까지 낮춰준다.

만일 고성능 기종의 헤드폰이 없을 때는 음악으로 소음을 막을 수 있다. 굳이 여기서 언급하지 않더라도 일을 하면서 배경음악을 틀어 두는 사람도 이미 많을 것이다. 음악의 효능은 옛날부터 알려져 왔고 400건이 넘는 연구에서 스트레스 저하와 도파민 수치의 향상이 확인 되었다.[16] 음악을 잘 사용하면 당신의 집중력이 높아지는 것은 틀림없는 일이다.

다만 배경음악의 효과를 바르게 사용하려면 몇 가지 사항을 알아둘 필요가 있다. 다음의 예를 유의하지 않으면 음악의 이점을 살릴 수 없으니 주의하기 바란다.

⊙ 외향적인지 내향적인지 구분한다

먼저 자신의 성격을 확인해보자. 배경음악으로 집중력이 오르는지 아닌지는 당신의 성격에 좌우된다.[17]

- 외향적인 성격 = 일을 할 때 음악을 틀어두면 집중력이 개선된다
- 내향적인 성격 = 일을 할 때 음악을 틀어두면 집중력이 저하된다

외향적인 성격의 사람은 외부로부터의 자극으로 추진력이 생기기 쉽기 때문에 음악으로 집중력을 향상시킬 수 있다. 그러나 내향적인 사람은 외부 자극에 민감해서 음악을 틀면 오히려 집중력이 저하되고 만다.

당신이 외향적인지 내향적인지는 간단하게 자신이 사교적이면서 정열적이라고 생각하면 외향적이고, 소극적이면서 조용하다고 생각하면 내향적이라고 판별할 수 있다. 만일 당신이 내향적인 성격이라면 일을 할 때 시냇물이 졸졸 흐르는 소리나 바람 소리와 같은 자연의 소리로 거슬리는 소음을 차단하는 선에서 그치는 것이 좋다. 그래도 음악을 들

고 싶을 때는 잔잔한 음악 종류로 한정해보자.

⊙ 가사가 붙은 곡은 제외한다

외향적인 사람이라도 가사가 붙은 곡을 들으면 집중력이 저하된다.[18] 일을 하면서 사람의 목소리를 들으면 야수는 반사적으로 내용을 이해하려고 듣기 때문에 아무래도 뇌의 처리 능력을 빼앗기기 쉽다.

또한 가사가 없어도 곡조나 리듬이 복잡하게 변하는 음악은 집중력 향상에는 도움이 되지 않는다. 곡의 정보량이 많아서 야수의 의식이 쏠리기 쉬워진다. 이 문제만은 어떤 수단을 사용해도 해결되지 않는다. 일을 하면서 듣는 배경음악은 간결한 기악곡만을 선택하는 것이 좋다.

⊙ 일을 하다가 쉴 때 음악을 듣는다

토론토 대학의 유명한 실험에 따르면 하나의 작업을 끝낸 후에 음악을 듣는 경우에는 다음 일의 성과가 향상된다고 한다.[19] 이때 들어야 할 음악은 당신에게 익숙한 곡을 선택하는 것이 이상적이다. 좋아하는 노래를 들을수록 야수는 안정감을 느끼고 다음 작업에 집중력을 높이기 쉬워지기 때문이다. 휴식 중에는 오로지 좋아하는 곡에 전념하도록 하자.

STEP 3 ▶▶▶ 조련사를 분리한다

환경 정리를 다 마쳤으면 마지막으로는 '나를 바라보는' 능력을 키우는 단계다. 그 방법은 여러 가지가 개발되어 있어서 여기에서는 '메타인지요법'과 '수용전념치료ACT' 등의 최첨단 심리요법의 세계에서 장려되는 기법을 2가지만 소개한다.

❶ 마음점수 매기기

'마음점수 매기기'는 중요한 일을 하다가 주의를 빼앗기게 됐을 때 당신의 내면에 일어난 감정의 변화를 퍼센트로 채점하는 훈련법이다. 가령, 작업을 하다가 갑자기 하던 일과 전혀 상관없는 인터넷 사이트가 보고 싶어진다면 다음과 같이 자신의 내면을 진단해본다.

'왠지 지루해져서 인터넷이라도 보고 싶어지네. 지루함의 강도는 40% 정도가 되려나. 그러고 보니 지루하기도 하고 조금은 짜증이 나기도 하네. 이 짜증은 20% 정도 될 것 같은데…. 아, 잘 생각해보니 일하던 것을 집어치우고 도망가고 싶은 느낌이 들기도 하고. 이건… 10% 정도? 이런 생각을 하다 보니 짜증스러운 마음이 10% 정도 줄어들었네.'

이렇듯 감정의 변화를 실시간으로 중계한다. 감정의 강도가 최고에 이르는 것을 100%로 하고 어떤 감정도 느껴지지 않는다면 0%로 표시한다.

인간의 집중력이 흩어질 때에는 많든 적든 반드시 감정의 변화가 일어나는 법이다. 야수가 하던 일에 싫증을 느꼈는지 아니면 뭔가 다른 대상에 흥미를 가지게 되었는지는 알 수 없지만 어쨌거나 감정의 힘으로 당신을 다른 방향으로 움직이게 하려는 상태인 것이다. 여기에서 아무런 대책을 세우지 않으면 '지루해졌다 → 게임을 하자', '짜증이 난다 → 간식이라도 먹자'와 같이 마음이 이끄는 대로 행동하고 만다.

그런데 이럴 때 마음을 점수로 환산하는 방법을 사용하면 자신의 변화를 객관적으로 바라볼 수 있다. 그런 덕분에 조련사가 감정으로부터 분리되어 이성을 잃지 않고 차분해질 수 있다.

❷ 감정의 사물화

'마음점수 매기기'는 쉽게 효과를 올릴 수 있는 방법이지만 막상 실천하려고 하면 자신의 감정을 즉시 언어로 표현할 수 없는 경우도 있다. 뭔가 부정적인 감정이 드는데 지루함과도 짜증과도 다른, 적절한 표현이 떠오르지 않는 상황에 마주하게 된다.

그럴 때에는 '감정의 사물화'를 시도해본다. 일을 하다가 어떤 감정이 솟아나면 '지금의 기분이 물건이라면 어떤 것에 해당할까?' 하고 생각해보는 훈련이다. 가령, 일을 하다가 스마트폰을 열어보고 싶을 때는 다음과 같이 감정을 관찰해본다.

'현재의 기분은 왠지 짙은 회색 같다. 명치 부근에 테니스공 크기의 물체가 가라앉아 가늘게 떨고 있는 느낌…. 그리고 목구멍에도 털 뭉치 같은 감정이 쑤셔 박힌 듯….'

'만일 감정이 사물이라면?' 하고 상상하면서 그 장면을 과학자처럼 바라보는 것이 이 방법의 요점이다. 상상이 잘 되지 않을 때는 다음과 같은 질문을 자신에게 던져본다.

- 이 감정은 어떤 색일까?
- 이 감정의 크기는? 콩? 테니스공? 아니면 빌딩 크기?
- 이 감정은 내 몸의 어느 부분에 위치해 있을까? 어느 정도의 공간을 차지하고 있을까?
- 이 감정은 어떤 느낌일까? 딱딱할까? 부드러울까? 거칠까? 매끈할까?
- 이 감정은 온도가 어느 정도일까? 뜨거울까? 차가울까? 미지근할까?
- 이 감정은 움직이는 것일까? 떨리는 것일까? 가만히 있을까? 팔딱거릴까? 움직이고 있다면 어느 정도 속도일까?

이 훈련도 길면 길수록 야수의 반응에 대한 이해가 깊어진다. 일을 하다가 조금 막히면 야수는 언제나 인터넷으로 시선을 향하고 만다거나, 일을 한 지 한 시간만 지나면 야수의 식욕이 살아나는 예처럼 주의산만한 현상이 일어나기 쉬운 시간이나 상황을 파악할 수 있다.

이 마음가짐이 사전에 준비되어 있다면 아무리 집중력이 흩어질 것 같아도 조련사는 야수에게 휘말리지 않게 된다. 이제부터는 집중력이 흩어질 것 같은 상황이 오면 조련사를 단련하는 기회라고 생각하기 바란다.

집중력을 높이는 데 있어서 '감정과의 분리'는 절대적으로 도움이 되는 방법이다. 불현듯 SNS를 보고 싶어질 때나 일이 손에 잡히지 않는 지루함에서 도망치고 싶어질 때, 당신의 주의를 빼앗는 감정으로부터 일단 거리를 두면 생각보다 빠르게 하던 일로 되돌아갈 수 있다. 다만 이때 자신의 감정을 의도적으로 조절하려고 하지는 말자. '너무 지겨우니 조금 신나는 기분을 만들어야지!', '짜증을 억눌러야 해!'라고 생각해도 야수는 절대로 따라주지 않는다. 그뿐 아니라 '목초지라는 비유'에서 얘기했듯이 감정을 억지로 누르려고 하면 야수는 반대로 격렬하게 저항하는 성질을 가지고 있다. 그저 감정의 파도를 계속 채점하면서 야수의 지배력이 약해지기를 기다리는 것이 '나를 바라보는' 단계의 가장 중요한 점이다.

공부를 하다가 지겨워지면 그 감정을 채점하고 다시 담담하게 하던 공부를 계속한다. 일을 하다가 힘들어서 짜증이 나면 그 감정을 채점하고 다시 담담하게 하던 일로 되돌아간다….

처음에는 어려울지 모르지만 여러 번 반복하는 동안에 조련사가 감정으로부터 거리를 두는 능력을 습득한다. 일단 이런 기술을 익히면 집중력이 흩어질 것 같은 상황에도 '아, 이건 그 지겨운 순간이구나' 하고 생각하거나 '또 그 익숙한 짜증이 밀려오는구나' 하는 여유가 생겨서 이전보다 쉽게 주의를 되돌릴 수 있게 된다.

당신이 할 수 있는 것은 어디까지나 야수가 미친 듯이 날뛰는 모습을 멀리서 바라보며 자연스럽게 폭주가 잦아드는 것을 기다릴 뿐이다. 이 점만 놓치지 않으면 집중력을 잃지 않을 가능성은 급격히 향상된다.

Chap
6

포기하고 쉰다

◆ 피로와 스트레스를 치유하는 재충전법 ◆

집중력은
청개구리다

마지막으로, 집중력 향상을 고려할 때 놓쳐서는 안 되는 가장 중요한 요점을 살펴보기로 한다. 이 점을 제대로 확인해두지 않으면 지금껏 얘기해온 집중력 향상을 위한 방법의 효과가 급격히 줄어들 것이다. 어떤 요소일 거라고 생각되는가?

대답은 '일단 집중력을 포기하는 것'이다. 이제 와 도대체 무슨 말을 하려는지 궁금하겠지만 장기적으로 높은 집중력을 유지하려면 모든 것을 '포기하는' 기술을 잊어서는 안 된다. 왜냐하면 아무리 해도 집중력이 생기지 않는 사람들은 다음과 같은 심리적인 특징이 있는 경우가 많기 때문이다.

① 집중력을 지나치게 추구한다

② 집중력이 없는 자신을 지나치게 책망한다

먼저 첫 번째가 '집중력을 간절히 원하는 사람일수록 집중력은 저하되고 만다'라는 문제다. 물론 '집중력을 높여서 하이퍼포머가 되겠다!'라는 목표가 결코 나쁜 것은 아니다. 하지만 오히려 그 점이 당신의 집중력을 방해하는 요인이 되기도 한다.

이것은 플로리다 대학의 연구에서 밝혀낸 사실로 높은 집중력과 자기조절 능력을 갖고 싶다고 대답한 피검자일수록 실제로는 눈앞의 일에 집중하지 못하는 경향이 있었다.[1] 집중력을 구하려는 사람일수록 실제의 성과는 낮았다는 것이다.

그러한 원리를 간략하게 설명하도록 하자. 아무리 과학적으로 올바른 방법을 사용해도 집중력을 발휘할 수 없는 상황은 반드시 있게 마련이라는 점을 먼저 알아둘 필요가 있다. 여러 번 언급해왔지만 야수가 만들어낸 주의산만의 영향은 매우 커서 항상 완벽한 집중력을 발휘할 수 있는 사람은 존재하지 않는다.

하지만 이런데도 집중력을 계속 유지하려고 억지를 쓰면 그동안 조련사가 자신은 능력이 없다고 생각하기 시작한다. 집중력에 온 신경이 너무 쏠려 있어서 자신의 부족함이 강조되기 때문이다. 이러한 생각이 여러 번 반복되면 결국 제4장에서 살펴본 '이야기의 전환'이 일어난다. 자신은 집중력이 없는 사람이라는 새로운 이야기가 야수에게도 전달되어 정체성의 일부가 되어버린다. 이러한 심리 상태에서는 중요한 일을 하고 싶은 추진력이 생기지 않을 것이다. 고전소설인 《파랑새》처럼 집중력은 구하려 들면 들수록 잡히지 않는 성질을 가지고 있기 때문이다.

그리고 다른 문제로는 집중력이 없는 자신을 지나치게 책망하는 유형이 있다. 실패를 싫어하는 것은 인간의 본성이지만 집중력이 생기지 않는다고 자신을 책망하는 것은 바람직하지 않다. 최근의 심리학에서도 자책감이 인간의 성과에 미치는 악영향이 매우 크다는 사실은 여러 번 확인된 바 있다.

대표적으로 잘츠부르크 대학에서 실시한 2014년의 논문이 있다.[2] 연구팀은 피검자들에게 '나를 존경할 수 있는가'와 '나에 대해 부정적인 감정을 어느 정도 느끼는가'라는 질문을 해서 각각이 가진 자책감을 점검했다. 그 결과를 전원의 MRI 데이터와 대조한 결과 자신을 책망하는 횟수가 많은 사람일수록 대뇌피질의 회백질이 적은 경향이 있었다.

회백질은 뇌의 신경세포가 모인 부분으로 감정 조절 능력에 관여한다. 조련사가 제대로 작동하기 위해서는 회백질의 지원이 필요해서 그 총량이 줄어들수록 집중력도 당연히 크게 줄어든다. 자책감에 따라 뇌가 작아지는 것은 회백질이 스트레스에 약하기 때문이다. 다른 사람 때문에 화를 낸 스트레스나 회사가 싫어서 생긴 스트레스, 친구와 싸운 스트레스 등 어떤 유형의 심리적 부담도 뇌세포에 피해를 입히기 때문에 적절한 대처를 하지 않으면 회백질은 점점 줄어든다.

게다가 수많은 스트레스 중에서도 자책감은 가장 질 나쁜 존재다. 타인이나 환경이 만들어낸 스트레스라면 일시적으로 거리를 두면 피할 수 있다. 싫어하는 상대는 되도록 피하면서 생활하면 되고 회사가 싫어지면 최악의 경우는 그만두면 된다. 하지만 생각이란 것은 자신의 내면에서 공격해오기 때문에 쉽게 피할 수 없다. 어떤 대책을 취하지 않으면 실패를 경험할 때마다 '또 집중을 할 수 없었구나', '나는 열심히 하지 못하는 사람이야'라는 생각이 머릿속을 채워 조금씩 회백질을 갉아먹는다. 바로 '나의 적은 나'인 상황이 만들어진다.

이럴 때 모두가 실천하기 어려운 문제지만 현대 과학이 내린 결론은 '포기한다'는 것이다. 목표를 달성할 수 없는 나, 집중력이 생기지 않는 나, 눈앞의 욕망에 무너지는 나를 깨끗이 받아들이는 길 이외에는 이 2가지의 문제를 해결하는 길은 없다.

이것은 '나를 인정한다'는 의미인데 한마디로 정리하면 '쓸데없는 저항은 하지 않는다'라는 뜻으로 풀이할 수 있다. 반복된 얘기지만 집중력에 절대적인 길은 없다. 아무리 과학적으로 올바른 방법을 사용해도 반드시 실패는 찾아오고 만전을 기해도 집중력이 생기지 않는 경우도 얼마든지 생긴다. 야수의 폭주는 언젠가 반드시 일어날 것이므로 일일이 한탄해봤자 시간만 허비하고 말 뿐이다.

그렇다면 처음부터 실패를 전제로 해서 작은 문제 정도는 동요하지 않는 마음을 키워두는 것이 바람직하다는 것은 당연한 일일 터. 만일 실패를 해도 닥친 상황에 담담하게 임하는 것이 가장 알맞은 해답이다. 하지만 흔히들 '나를 인정하라'는 의미를 실패를 걱정하지 말라거나 있는 그대로의 나로 살자는 조언으로 생각해버리는 오류를 범할 때가 있다.

분명하게 말하자면 실패는 걱정해야 할 필요가 있는 것이고, 있는 그대로의 나에 머물다간 성숙해지지 못한다. 중요한 것은 나의 불완전함을 인정하면서 실패를 냉정하게 분석하고 목표 달성의 양식으로 삼는 점에 있다. '나를 인정하기'란 자신과의 나쁜 관계를 재수정하는 방법이라고 할 수 있을 것이다.

부정적인 사고를
단숨에 바꿔주는
'나를 인정하기'

'나를 인정하는 법'을 단련하는 여러 가지 방법이 있지만 여기에서는 유명한 기법을 4가지 예로 들어보고자 한다. 모두가 심리요법의 현장에서 채용된 방법인데 불안증으로 괴로워하는 환자의 집중력 향상이나 다이어트로 고민하는 사람의 자기조절 능력을 높이는 데 커다란 효과가 확인되었다. 일단 대략적인 개요만 끝까지 훑은 뒤 실천 가능한 것부터 실행해보자.

자기 이미지화

먼저 캘리포니아 대학이 개발한 '자기 이미지화'를 살펴보자. 사신의 실패를 전전긍긍 고민할 때나 부정적인 사고에 휩싸여 집중력이 생기지 않는 상황에 효과적인 방법이다. 자기 이미지화는 다음의 단계를 거쳐 실행한다.

① 실패로 괴로워하는 나에게 친구가 배려와 이해의 마음으로 조언을 해주는 장면을 상상한다

② 그 친구가 어떤 말을 하는지 자세하게 상상하면서 종이에 써본다

단순한 방법이지만 이 방법을 썼던 피검자는 긍정적 사고만을 사용했던 집단에 비해 자신을 인정하는 수준과 실패를 극복해서 앞으로 나아가는 추진력이 크게 향상되었다.[3] 아무리 자신에게 엄격한 사람이라도 친구에게는 친절한 말을 한다. 그러한 배려를 떠올리면서 자신의 실패를 바라보는 것이 이 방법의 핵심이다. 목표를 달성하지 못해서 낙담했을 때는 즉시 '자기 이미지화'로 실패를 받아들이고 앞으로 나아가도록 하자.

삶의 휴식

'삶의 휴식'은 '수용전념치료'와 같은 제3세대 심리요법으로 자주 사용되는 방법이다. 사용법은 간단한데 자신을 책망하고 싶어지면 다음과 같은 질문을 자신에게 던진다.

- **지금의 나쁜 상황이 '나는 집중력이 없다'거나 '이제 목표를 이룰 수 없을 것 같다'라는 근거가 될 수 있을까?**

일반적으로 생각하면 단지 한 번의 실패만으로 '나는 집중력이 없는 사람이다', '이제 목표 달성은 실패다'라고 결정되지는 않는다. 그럼에도 실패에 고민하는 사람일수록 한 번의 문제에도 주눅이 들어 마치 선천적으로 실패한 사람인 것처럼 자신을 책망해버린다.

이 상태를 그대로 내버려두면 야수가 조금씩 '나는 집중력이 없다'라는 이야기를 믿기 시작하면서 결국에는 대처하기 어려운 상태에 빠지고 만다. 부정적인 생각을 하는 동안 '지금의 생각에 근거가 있을까?' 하고 의심하면서 자책감을 악화시키지 않도록 대처해야 한다.

2분간의 약속

이것도 역시 심리요법으로 사용되는 것인데 사전에 '나를 인정하는' 순간을 결정해두는 방법이다. 구체적인 단계는 다음과 같다.

① 하루에 6번만 '나를 인정하는' 시간을 정한다 (기상 후나 잠들기 전 등)
② 정해진 시간이 되면 과거의 실패 경험이나 부정적인 사고를 떠올리고 2분간 아무런 비판도 하지 말고 그대로 있는다

하루의 어느 시간을 '절대로 나를 심판하지 않는 시간대'로 만들어두고 그 시간만은 어떤 부정적인 생각이 들더라도 그대로 내버려둔다. 제5장에서 살펴본 '나를 바라보는' 연습의 일종으로도 사용할 수 있기 때문에 길게 계속할수록 야수로부터 거리를 두는 기술도 더욱 습관화된다.

긍정적인 대책

실패에 대해 더욱 적극적으로 맞서고 싶은 사람은 '긍정적인 대책'도 실천해보길 바란다. 미시건 대학이 고안한 방법으로 기본적인 방식은 매우 간단하다.

- **목표를 달성하지 못해서 자책감이 들면 일이나 공부에 도움이 될 만한 새로운 일을 한다**

어렵다고 망설이지 말고 어떤 일에 실패를 했다면 억지로라도 새로운 일에 도전해본다. 예를 들어 기획서 마감에 늦어서 낙담하고 있다면 쓴 적이 없는 경리 소프트웨어를 시험해보거나, 공부가 계획대로 잘 되지 않아서 초조해질 때는 시도해본 적 없는 학습법을 실천해보는 등 새롭다는 생각이 드는 일을 골라 적극적으로 실천해보는 것이다.

미시건 대학의 실험에서는 '긍정적인 대책'을 사용한 피검자는 좋아하는 음악을 듣거나 마시지를 받는 등의 일반적인 기분 전환법을 사용했던 집단보다도 실패했을 때의 스트레스에 강하게 대처했고 그 후의 작업에도 높은 집중력을 유지했다고 한다.[4]

이러한 결과에 관해 연구팀은 '부정적인 기분에 맞서려면 뭔가 새로운 일을 배우고 긍정적인 대책을 세우는 것이 중요하다'라고 말한다. 보통의 기분 전환은 스트레스에 의한 몸의 긴장을 완화해주는 효과만 있지만 새로운 일을 힌다는 행위에는 진취적인 요소가 있어서 실망한 조련사가 새로운 에너지를 되살리는 계기가 된다.

'긍정적인 대책'을 사용할 때는 다음의 항목을 주의하길 바란다.

❶ 장점을 활용한다

'VIA SMART'(P.161 참조)에서도 살펴보았듯이 당신의 장점을 일상적으로 활용할수록 정신력은 개선된다. 이 방식은 '나를 인정하기'에도 효과적이어서 장점을 활성화시키는 것이 자책감을 누르고 결국에는 집중력도 높일 수 있다. 그러려면 먼저 'VIA 테스트'에서 자신의 장점을 파악해두도록 하자.

❷ 새로운 것을 배운다

새로운 지식이나 기술을 습득하는 것도 '긍정적인 대책'의 포인트다. 새로운 소프트웨어의 사용법을 배우거나 통계 학습에 필요한 책을 읽는 등 미래의 나에게 도움이 될 만한 작업을 고른다. 그러한 선택이 '긍정적인 대책'의 양을 늘려 실패에 맞서는 정신력을 키워준다.

피로와 스트레스를
과학적으로 해소하는 방법

장시간 노동으로 잃어버린 집중력을 조금이나마 되살린다

집중력을 포기한다는 생각과 동시에 습득해둬야 할 것은 바르게 쉬는 기술이다. 아무리 적절한 영양소로 몸을 채우고 야수를 다루는 요령을 구사해도 모두 한계가 존재한다. 육체가 너무 피곤하면 집중력을 유지하는 것은 불가능해지고 정신적인 스트레스가 너무 쌓이면 두뇌 회전이 잘 안 된다.

특히 조련사는 정신적인 스트레스에 약하기 때문에 정기적인 재충전을 잊으면 야수에게 마음을 납치당할 확률이 높아진다. 일에 지쳐서 패스트푸드를 지나치게 먹거나 학업에 너무 강박을 갖게 된 나머지 인터넷 서핑으로 몇 시간씩 보내는 상황이 바로 그 전형적인 예다.

2016년 게이오 대학과 멜버른 대학이 재미있는 조사를 실시했다. 연구팀은 약 6,500명의 남녀를 모아 전체의 직장 근무 상황을 조사한 후에 집중력과 기억력 테스트를 실시했고, 그 자료를 모아 다음의 경향을 알아냈다.[5]

- **1주일에 30시간 이상 일하면 인지기능에 부정적인 영향을 준다**
- **여성은 평균적으로 주 22~27시간의 노동이 최상의 결과를 보였다**
- **남성은 평균적으로 주 25~30시간의 노동이 최상의 결과를 보였다**

연구는 3가지의 인지 테스트를 실시했고 남녀 모두 인지기능이 최대치를 보인 것은 노동시간이 주 25~30시간의 범위에 있는 사람이었다. 한편 노동시간이 1주일에 50~60시간을 넘긴 경우는 기억력이 낮아지고 두뇌 회전도 늦어졌으며 집중력도 격감했다고 한다.

노동시간이 길면 길수록 인지기능이 낮아진다는 보고는 그 외에도 많은데 너무 많이 일해서 쌓인 피로가 집중력에 악영향을 주는 것은 틀림없는 사실이다. 레오나르도 다빈치의 말처럼 일에 너무 매달리면 판단력을 잃는다고 한다. 생각해보면 당연한 말이다. 인류학 연구에 따르면 아프리카에서 지금도 원시적인 생활을 하는 부족의 노동시간은 평균 1주일에 20~28시간에 지나지 않았고 남은 시간의 대부분은 수면, 휴식, 놀이 등을 하며 보낸다는 것이다.[6] 인류가 1주일에 40시간이나 일을 하게 된 것은 진화의 과정에서 보면 극히 최근의 일이다.

물론 초원의 생활은 냉엄하고 혹독하지만 적어도 수렵과 채집을 하며 사는 민족들이 선진국의 사람들보다 충분한 휴식을 취하고 있는 것은 사실이다. 우리들의 몸과 마음은 1주일에 40시간을 넘는 노동에는 아직 적응하지 못했다. 그렇다고 현대사회가 1주일의 노동을 30시간으로 줄이기는 힘든 문제다. OECD의 조사에 따르면 일본인의 노동시간은 평균 1주일에 45시간가량인데 한창 일할 나이인 30대라면 1주일에 60시간 동안 일하는 경우도 많다. 그저 '과한 노동을 줄이자!'라는 목소리를 높인다고 해서 문제를 해결할 수 있는 것은 아니다.

따라서 노동과 스트레스에 따른 집중력의 저하를 방지하기 위해 이제부터 '과학적으로 올바르게 쉬는 방법'을 몇 가지 소개하고자 한다. 실천하기 쉬운 순서로 열거했으니 만일 현시점에서 적절한 휴식을 취하지 못하고 있다면 Level 1부터 조금씩 생활 속에 도입해나가도록 해보자.

LEVEL 1 >>> 잠깐의 휴식

'잠깐의 휴식micro break'이란 몇 초에서 몇 분간의 짧은 휴식 시간을 갖는 방법이다. 더 길게 쉴 수 있다면 그보다 더 좋을 수는 없겠지만 그렇게 장시간의 휴식을 취할 수 없을 경우에는 이 '잠깐의 휴식'이라도 실천해보자는 것이다.

한 연구 결과, 피검자에게 컴퓨터의 모니터를 계속 보는 작업을 지시하고 그 사이에 40초 동안 꽃과 나무를 찍은 자연의 사진을 보여줬더니 작업에 임하는 집중력이 높은 수준으로 유지되고 일을 할 때 실수할 확률도 크게 줄었다고 한다.[7] 물론 육체적인 피로를 해소하기에는 부족하지만 뇌가 느낀 일시적인 스트레스를 해소하는 데는 40초로도 효과를 얻을 수 있었다.

만일 뇌에 어떤 피로를 느꼈다면 잠깐 자연의 영상을 보고 휴식을 취하거나 창문 밖으로 보이는 구름을 바라보는 것이 좋다. 그것만으로도 생산성의 저하를 막을 수 있을 것이다.

LEVEL 2 ▸▸▸ 하던 일 멈추기
- -

휴식을 잘 취하지 못하는 사람은 작업을 멈추고 쉬는 순간에 야수가 폭주를 시작하는 경우가 많다. 겨우 5분만이라고 생각하고 손을 댄 스마트폰에 빠져들어 정신을 차리고 보면 30분이 지나가서 일할 의욕을 잃고 마는 유형이다.

이와 비슷한 경험을 한 사람은 '하던 일 멈추기'를 실천해본다. 중요하고 어려운 일을 하는 사이에 간단한 일을 하는 방법이다. 간단한 일의 내용은 아무것이나 가능한데 메일 체크를 해도 좋고 업무의 메시지에 답을 해도 좋다. 이후의 계획을 짜는 것도 좋고 개인적으로 필요한 일용품을 인터넷에서 사도 좋다. 깊이 생각하지 말고 바로 완료할 수 있을 만한 작업이라면 무엇이든 '하던 일 멈추기'로 사용할 수 있다.

간단한 일에는 일시적으로 뇌의 회전수를 떨어뜨리는 기능이 있어 이것으로도 어느 정도까지는 조련사의 피로를 풀 수 있다. 그렇다고 야수를 완전히 일에서 분리하는 것은 아니기 때문에 작업의 추진력도 유지할 수 있다.[8] 중요한 작업을 하기 전에 간단히 할 수 있는 일을 몇 가지 선별해두어도 좋을 것이다.

LEVEL 3 ▸▸▸ 적극적 휴식

'적극적 휴식active rest'이란 몸을 가볍게 움직여 뇌를 회복시키는 방법이다. 휴식 중에 가볍게 산책을 하는 사람은 많지만 최근의 연구에서는 어떤 가벼운 운동이라도 상상 이상의 이점을 얻을 수 있다는 것을 알아냈다.

학생을 대상으로 한 실험에서 최대 심박수의 약 30% 수준으로 10분간 운동을 했음에도 피검자의 뇌기능이 개선되고 인지 테스트 결과에서는 집중력과 기억력이 유의미한 향상을 보였다고 한다.[9]

최대 심박수의 약 30% 정도라는 것은 거의 평소의 걸음과 다를 바가 없는 수준이다. 이 정도의 운동으로 집중력이 올라가는 이유는 아직 확실치는 않지만 많은 연구자들은 혈류가 빨라지고 뇌내 호르몬이 변했기 때문일 것으로 추측하고 있다. 불과 10분 정도의 가벼운 산책으로도 집중력이 향상된다고 하니 정기적으로 실천해보는 것도 권한다.

LEVEL 4 >>> 극강의 적극적 휴식

'극강의 적극적 휴식'이란 산책보다 더욱 격한 운동으로 뇌를 쉬게 하는 방법이다. 그렇게 운동하다간 지쳐 쓰러질지도 모른다고 생각하겠지만 일의 집중력 향상에 관해서는 얘기가 전혀 다르다. 맥길 대학의 실험 자료에 따르면 에어로 바이크로 15분간 전력 질주를 한 피검자는 그 후에 실시한 인지 테스트의 결과가 대폭 개선되었다고 한다.[10] 격렬한 운동에는 상당한 집중력 향상 효과가 있다는 것이다.

이러한 현상은 격렬한 운동이 뇌를 해방시켜주기 때문이다. 전력 질주로 심박수의 한계까지 몸을 움직이면 어려운 일을 생각할 수 없게 된다. 덕분에 뇌에 쌓여 있던 스트레스가 풀려 조련사가 무거운 짐을 내려놓는 상태로 바뀐다. 결과적으로 기분 전환의 효과가 크게 나타나 다음번의 일을 하는 데에 집중력이 올라가는 것이다.

운동의 강도는 호흡이 거칠어져 말을 할 수 없는 수준을 목표로 해야 한다. 이 기준만 지키면 운동의 종류는 달리기여도 좋고 줄넘기여도 상관없다. 다만 수면 부족이나 몸이 너무 피곤할 때에는 격렬한 운동은 삼가야 한다. 육체가 회복되지 못할 정도로 심박수가 올라가면 스트레스가 너무 강해서 뇌기능이 오히려 저하되기 때문이다.

LEVEL 5 ▶▶▶ 미군식 숙면 훈련

스트레스나 피로의 회복에는 질 좋은 수면이 필수적 요소다. 아침에 몸을 일으키는 것이 힘든 날에는 누구나 두뇌 회전이 느리다. 기본적으로 수면 부족에 따른 집중력 저하는 다시 푹 자는 방법 말고는 결코 회복될 수 없다. 낮 동안에 졸음이 와서 일에 집중할 수 없을 때에는 매일 밤의 수면을 점검해봐야 하며 적어도 30분간 낮잠을 자서 몸을 회복시켜야 한다.

수면 개선법은 여러 책에 이미 흔하게 알려져 있지만 여기에서는 '미군식 숙면 훈련'을 소개하기로 한다. 말 그대로 미군이 조종사들의 멘탈 개선용으로 개발한 기법인데 스포츠 심리학의 내용을 근거로 만든 것이다.[11]

미군 실험에서 이 방법을 사용한 조종사들 중 96%가 120초 안에 잠들 수 있었다는 결과를 보여 모두를 놀라게 했다. 밤새도록 푹 자지 못하는 사람들이나 낮잠 시간이 부족한 사람들은 아무쪼록 꼭 실천해보길 권한다. 미군식 숙면 훈련은 5개의 단계로 되어 있다.

Step 1 ▶▶▶ 얼굴의 이완

의자에 앉거나 침대에 누워서 긴장을 푼 다음, 얼굴의 각 부위에 의식을 집중한다. 천천히 호흡을 하면서 다음 순서로 얼굴 근육을 풀어준다.

- 이마 → 미간 → 관자놀이 → 눈 주위 → 뺨 → 입 주위 → 턱

근육의 힘을 빼는 느낌을 잘 모르겠다면 일단 각 부위에 한껏 힘을 준 다음, 훅 하고 힘을 뺀다. 특히 눈 주위의 근육은 이완하기 힘드니 안구가 눈 속으로 스며들어가는 상상을 하면 조금 쉬울 것이다.

Step 2 ››› 어깨의 이완
얼굴 다음으로 어깨에서 힘을 뺀다. 어깨가 생명을 잃고 땅속으로 빠져드는 느낌을 떠올리며 축 늘어뜨리는 것이 포인트. 천천히 숨을 쉬며 어깨의 힘을 푼다.

Step 3 ››› 팔의 이완
다음은 팔을 의식한다. 어깨와 마찬가지로 양팔이 땅속으로 가라앉듯이 힘을 뺀다. 힘이 잘 빠지지 않을 때는 일단 손을 꽉 쥐었다가 펼친다. 팔을 푼 다음에 손바닥과 손가락도 같은 방법으로 힘을 뺀다.

Step 4 ››› 다리의 이완
다리도 같은 방법으로 힘을 뺀다. 양다리가 땅속으로 가라앉는 모습

을 상상하며 다리의 무게가 지면을 누르듯이 이완한다. 이런 방법으로도 힘이 빠지지 않을 때는 일단 다리 전체에 힘을 주었다가 다시 힘을 빼는 식으로 해본다.

Step 5 ›› 생각의 이완

마지막으로 10초만 아무것도 생각하지 않는 시간을 만든다. 야수는 부정적인 생각에 약하기 때문에 내일의 일이나 과거에 일어난 싫었던 경험이 머릿속에 떠오르기만 해도 근육에 힘이 들어간다. 이것을 막기 위해서 10초만 생각을 차단한다.

하지만 갑자기 '생각을 하지 마!'라고 하면 반대로 경계 태세를 취해버려 머릿속에 부정적인 생각이 휘젓고 다니는 경우도 생길 것이다. 그때는 다음과 같은 방법을 사용하는 것이 효과적이다.

- **'생각하지 말자, 생각하지 말자'라고 10초간 머릿속으로 되뇐다**
- **잔잔한 호수에 떠 있는 카누에 누워 파란 하늘을 멍하니 바라보는 상상을 한다**
- **어두운 방에 있는 해먹 위에 누워 흔들리고 있는 모습을 상상한다**

이것으로 연습은 끝이다. 이 방법의 효과에는 개인차가 있어서 사람에 따라 얼굴의 힘을 빼기만 해도 잠이 드는 경우도 있고 생각의 이

완까지 왔는데도 잠들지 못하는 사람도 있다. 만일 마지막 단계까지 와서도 잠이 들지 못할 때에는 걱정하지 말고 첫 순서부터 다시 반복한다. 몇 번 하다 보면 몸에서 긴장감이 풀리는 감각이 느껴져서 수면의 질도 높아지게 된다.

과중한 노동이 당연시되는 현대사회에서 '포기하고 쉰다'는 방법은 중요한 자구책 중 하나다. 자책감과 피로감으로 조련사를 계속 괴롭히면 결국 야수의 폭주를 막을 방법이 없어져 버린다.

'포기'와 '쉼'이라는 2가지는 아무것이나 먼저 시작해도 상관은 없지만 정신적인 피로가 깊어지면 '포기'의 느낌을 중점적으로 단련하고, 육체적인 피로가 문제라면 '쉼'을 우선시하는 것이 좋다. 특히 낮동안의 피로감이 심한 사람은 먼저 '미군식 숙면 훈련'으로 수면 개선을 도모해보자.

긴 인생을 사는 동안 '포기하고 쉬는' 편이 낫다는 상황은 반드시 찾아오기 마련이다. 어떤 일에 이미 최선을 다했다면 그 이상 아무리 걱정해도 사태는 개선되지 않는다. 그럴 때는 포기하고 쉬는 것이 최선이다.

마치며

엄청난 집중력을 갖기란 정말 어려운 작업이다. 야수와의 싸움에서 이기기 위해서는 매일 세밀한 보상 예감을 정리할 필요가 있고 장기적으로는 어떤 의식을 반복해서 자기 나름의 이야기를 다시 짜야 한다. 그 과정에서 격한 감정에 맞설 필요도 생겨나니 심신은 마냥 소모되어간다.

'그렇게 욕망을 억누르고 살면 즐거울까?'

이 책을 읽고 이 같은 생각이 드는 사람도 있을 것이다. 본래 주의 산만은 인간의 본성으로 초기 설정된 것이나 마찬가지였다. 그렇다면 집중력 향상 따위는 포기하고 야수의 지시에 따라 살아가야 하는 것은 아닐까? 원시의 욕망에 몸을 맡기고 사는 것이 본래 인간의 삶이 아닐까? 그런 생각이 드는 것은 전혀 이상한 일이 아니다.

분명 옛날부터 비슷한 사상은 적잖이 존재하고 있었다. 예를 들면 고대 그리스의 키레네학파는 순간적인 쾌락만을 선이라고 믿고 눈앞의 즐거움을 추구하는 것이야말로 최상의 인생이라고 주장했다. 일상을 규범으로 옭아매어 자제함으로써 자유를 잃을 정도라면 과거, 현재, 미래라는 각각의 순간에 쾌락을 추구하는 편이 낫다는 사상이었다.

물론 이 발상을 완전히 부정할 수는 없다. 지나치게 금욕적인 생활은 너무 답답해서 즐거움이 없으면 장기 목표를 추구할 마음도 생기지 않을 것이다. 진화의 과정에서 보자면 눈앞에 닥친 일에 집중하는 생물이 더욱 쉽게 살아남아온 것도 사실이다. 하지만 생산과 서비스가 급격히 발전한 현대사회에서는 순간적인 쾌락을 계속 추구하는 인생은 거꾸로 당신의 자유를 앗아가 버린다.

먹고 싶을 때 맛있는 것을 먹고, 원할 때 즐거운 게임을 하며 놀고, 의욕이 생기지 않으면 일을 쉬는, 그 어떤 것에도 얽매이지 않은 자유로운 삶…. 그런 인생을 동경하는 사람도 많겠지만 거기에 당신의 자유의지는 거의 존재하지 않는다. 이런 자유로운 인생은 바꿔 말하면 식품을 제공하는 사람이 노리는 대로 식욕을 자극당하고, 게임 제작자의 의도대로 사행심에 빠지고, 의욕이 없다는 핑계로 스스로의 행동을 묶어 둔 상태라고 말할 수 있기 때문이다. '어떤 것에도 얽매임이 없는 자유로운 인생'이란 듣기에는 좋지만 그 실태는 타인의 손에 욕망을 조종당한다는 뜻이기도 하다.

그렇기 때문에 '야수의 집중력'을 내 것으로 만들 수만 있다면 당신은 진정한 자유를 얻을 수 있다. 내면의 야수를 다루는 법을 알면 타인으로부터 욕망을 계속 조종당하는 상태에서 벗어나 인생의 주도권을 되찾을 수 있기 때문이다.

　진정한 자유를 손에 넣기 위해서는 애써 스스로 제동을 거는 수밖에 없다. 그것은 결코 거북한 삶의 방식이 아니라 인생의 주도권을 되찾고 장기적으로 당신을 더 큰 행복으로 이끄는 적극적인 과정이다.

부록

'야수의 집중력' 실천 로드맵

이 책에서 예로 들었던 방법들은 모두 복수의 메타분석과 무작위대조시험(RCT, 피험자를 무작위로 실험군과 대조군으로 나누어 비교하는 것)으로 효과가 확인된 것이 대부분이다. 어떤 것이든 잘 선택해서 실천해보면 거의 확실하게 당신의 집중력을 향상시킬 수 있다.

하지만 각각의 방법은 근거의 질에 차이가 있고 방법마다의 효율성이 크게 차이가 나는 것도 사실이다. 따라서 일단 자료로써 높은 효과가 인정된 것부터 시작해서 집중력이 어디까지 개선되는지 확인해가는 것이 성과를 내기 쉬울 것이다.

마지막으로 이 책의 방법을 제대로 활용하기 위한 로드맵을 소개하고자 한다. 다음의 지침은 실천하기 쉽고 효과가 큰 방법부터 수준이 높아지는 순서대로 구성해보았다. 처음에는 간단한 것부터 실천하다가 그에 익숙해지면 효과가 나타나기까지 시간이 필요한 방법에 도전해본다. 장기적인 계획으로 조련사를 훈련해서 야수가 아무리 폭주해도 흔들리지 않는 정신력을 목표로 삼아보자.

Level 0 ››› 건강 관리를 한다

뇌를 제대로 작동시키기 위해서는 기본적으로 건강을 잘 관리해야 한다. 이것이 무너지면 아무리 올바른 심리적 기법을 사용해도 무딘 칼처럼 효과를 얻을 수 없다.

몸이 아파서 집중이 되지 않는 사람은 MIND 식이요법(P.63 참조)을 적어도 70%는 실천해보고 극강의 적극적 휴식(P.222 참조)과 미군식 숙면 훈련(P.223 참조)을 함께 도입해서 체력과 수면의 질을 개선해보자. 덧붙여서 카페인(P.51 참조)의 사용은 어디까지나 선택사항이므로 무리하게 실행할 필요는 없다.

Level 1 ››› 질문형 행동을 실행한다

수많은 심리적 방법 중에서 신뢰성, 즉효성, 효과량의 균형이 가장 좋은 것은 질문형 행동(P.100 참조)이다. 갑자기 여러 방법을 실천하는 것이 힘들 때는 먼저 질문형 행동을 습득하는 것을 목표로 하자. 하루의 시작에 일일 과제 설정(P.94 참조)을 실행한 다음, 질문형 행동의 형식에 적용시켜 가는 것도 바람직하다.

Level 2 ›› 방해 요소를 체크한다

방해 요소 체크(P.96 참조)도 높은 효과량으로 인정받는 방법 중 하나다. 보상감각 플래닝 간이표(P.108 참조)의 단계를 참고해서 질문형 행동과 함께 사용할 것을 권한다.

Level 3 ›› 성역을 만든다

보상감각 플래닝의 간이표로 하루의 업무 관리에 익숙해지면 다음은 성역 만들기(P.187 참조)에 착수하는 것이 효과적이다. 특히 장소의 관리(P.188 참조)와 디지털 관리(P.191참조)는 효과를 손쉽게 실감할 수 있기 때문에 우선적으로 채택해보기를 권한다.

　또한 아직 여유가 있다면 마음점수 매기기(P.197 참조)나 감정의 사물화(P.198 참조)를 연습해보도록 한다. 다만 이 방법들은 난이도가 높으니 어렵다는 생각이 들면 무리하지 않아도 좋다.

Level 4 ›› 보상감각 플래닝의 풀버전을 실행한다

보상감각 플래닝의 간이표를 자연스럽게 실행할 수 있게 되면 이제 풀버전으로 옮겨가 본다(P.88 참조). 이때는 잠깐의 휴식(P.219 참조)이나 하던 일 멈추기(P.220 참조), 적극적 휴식(P.221 참조)의 간단한 휴식법을 함께 실천해도 좋다.

Level 5 ››› 기록을 기초로 해서 '나만의 의식'을 계속한다

'의식'에 관한 장에서 언급한 방법은 모두 일정한 효과가 나타나기까지 시간이 걸린다. 단기적인 이점을 바라지 말고 최소한 8주간은 계속 실천한다.

의식 계통의 방법 중에서 효과량이 최대인 것이 기록(P.124 참조)이다. 보상감각 플래닝이나 MIND 식이요법, 어느 것이든 좋으니 우선 기록을 습관화해보자. 막힘없이 '기록'을 실천할 수 있다면 다음은 의식 쌓기(P.134 참조)로 좋은 행동의 총량을 늘리는 것이 더 좋다. 성취 편향(P.121 참조)이나 작은 불편함(P.128 참조)은 보조 역할로 도입한다.

Level 6 ››› 피어 프레셔를 중심으로 이야기를 만든다

이제부터는 조련사를 단련하는 단계다. 이전 수준보다 더욱 시간이 걸리는 방법이 많기 때문에 장기적 자세를 갖춰야 할 필요가 있다.

조련사를 단련하면서 가장 효과가 나타나기 쉬운 것은 피어 프레셔(P.164 참조)다. 먼저 당신과 뜻을 같이 하는 집단을 찾아서 적극적으로 참가해보기를 권한다. 만일 적절한 모임을 찾기 어렵다면 지시적 독백(P.157 참조) → VIA SMART(P.161 참조)의 순서로 실천해본다. 스테레오 타이핑(P.153 참조)과 전업(P.155 참조)은 예비적인 방법으로 사용하는 것이 좋다.

Level 7 ›››› 감정을 분리하는 요령을 습득한다

제5장의 '나를 바라본다'는 이 책에서 가장 어려운 부분이다. 조련사를 감정에서 분리하는 작업은 하루아침에 되는 것이 아니고, 그 과정을 몇 번이고 반복하면서 실패를 겪어야 완성되기 때문이다. 하지만 그것만으로 나를 바라보는 요령이 갖춰졌다면 그 효과는 매우 크다. 당신의 집중력을 엄청난 수준까지 높이고 싶다면 피해서는 안 되는 과정이다.

감정의 분리 훈련을 할 때에는 마음점수 매기기(P.197 참조) → 감정의 사물화(P.198 참조)의 순서로 실행해간다. 2가지 모두 과학적인 신뢰성에는 변함이 없지만 마음점수 매기기 쪽이 조금 더 즉효성이 있다. 물론 그때는 동시에 삶의 휴식(P.212 참조)이나 긍정적인 대책(P.214 참조)을 합쳐 실패에 미리 대비해두는 것도 잊어서는 안 된다.

참고문헌

Intro

1. Ernest O, Boyle Jr. and Herman Aguinis (2012) The Best and the Rest: Revisiting the Norm of Normality of Individual Performance
2. Henry R. Young, David R. Glerum, Wei Wang, and Dana L. Joseph (2018) Who Are the Most Engaged at Work? A Meta-Analysis of Personality and Employee Engagement
3. McKay Moore Sohlberg and Catherine A. Mateer (2001) Cognitive Rehabilitation: An Integrative Neuropsychological Approach
4. Simon M. Laham, Peter Koval, and Adam L. Alter (2011) The Name-Pronunciation Effect: Why People Like Mr. Smith More Than Mr. Colquhoun
5. David E. Kalist and Daniel Y. Lee (2009) First Names and Crime: Does Unpopularity Spell Trouble?
6. Timothy D. Wilson (2004) Strangers to Ourselves: Discovering the Adaptive Unconscious
7. Nelson Cowan (2000) The Magical Number 4 in Short-Term Memory: A Reconsideration of Mental Storage Capacity

1. Natascia Brondino, Annalisa De Silvestri, Simona Re, Niccolò Lanati, Pia Thiemann, Anna Verna, Enzo Emanuele, and Pierluigi Politi (2013) A Systematic Review and Meta-Analysis of Ginkgo biloba in Neuropsychiatric Disorders: From Ancient Tradition to Modern-Day Medicine

2. Tad T. Brunyé, Caroline R. Mahoney, Harris R. Lieberman, and Holly A. Taylor (2010) Caffeine Modulates Attention Network Function

3. Andreas G. Franke, Patrik Gränsmark, Alexandra Agricola, Kai Schühle, Thilo Rommel, Alexandra Sebastian, Harald E. Balló, Stanislav Gorbulev, Christer Gerdes, Björn Frank, Christian Ruckes, Oliver Tüscher, and Klaus Lieb (2017) Methylphenidate, Modafinil, and Caffeine for Cognitive Enhancement in Chess: A Double-Blind, Randomised Controlled Trial

4. Haley A. Young David Benton (2013) Caffeine Can Decrease Subjective Energy Depending on the Vehicle with Which It Is Consumed and When It Is Measured

5. Francisco G. Vital-Lopez, Sridhar Ramakrishnan, Tracy J. Doty, Thomas J. Balkin, and Jaques Reifman (2018) Caffeine Dosing Strategies to Optimize Alertness During Sleep Loss

6. Chanaka N. Kahathuduwa, Tharaka L. Dassanayake, A. M. Tissa Amarakoon, and Vajira S. Weerasinghe (2016) Acute Effects of Theanine, Caffeine and Theanine–Caffeine Combination on Attention

7. Roy J. Hardman, Greg Kennedy, Helen Macpherson, Andrew B. Scholey, and Andrew Pipingas (2016) Adherence to a Mediterranean-Style Diet and Effects on Cognition in Adults: A Qualitative Evaluation and Systematic Review of Longitudinal and Prospective Trials

8. Jerome Sarris, Alan C. Logan, Tasnime N. Akbaraly, G. Paul Amminger, Vicent Balanzá-Martínez, Marlene P. Freeman, Joseph Hibbeln, Yutaka Matsuoka, David Mischoulon, Tetsuya Mizoue, Akiko Nanri, Daisuke Nishi, Drew Ramsey, Julia J. Rucklidge, Almudena Sanchez-Villegas, Andrew B. Scholey, Kuan-Pin Su, and Felice N. Jacka (2015) Nutritional Medicine as Mainstream in Psychiatry

9. Martha Clare Morris, Christy C. Tangney, Yamin Wang, Frank M. Sacks,

David A. Bennett, and Neelum T. Aggarwal (2015) MIND Diet Associated with Reduced Incidence of Alzheimer's Disease

10. Martha Clare Morris, Christy C. Tangney, Yamin Wang, Frank M. Sacks, Lisa L. Barnes, David A. Bennett, and Neelum T. Aggarwal (2015) MIND Diet Slows Cognitive Decline with Aging

11. Benjamin Harkin, Thomas L. Webb, Betty P. I. Chang, Andrew Prestwich, Mark Conner, Ian Kellar, Yael Benn, and Paschal Sheeran (2016) Does Monitoring Goal Progress Promote Goal Attainment? A Meta-Analysis of the Experimental Evidence

12. Pam A. Mueller and Daniel M. Oppenheimer (2014) The Pen Is Mightier Than the Keyboard: Advantages of Longhand over Laptop Note Taking

13. Steven W. Lichtman, Krystyna Pisarska, Ellen Raynes Berman, Michele Pestone, Hillary Dowling, Esther Offenbacher, Hope Weisel, Stanley Heshka, Dwight E. Matthews, and Steven B. Heymsfield (1992) Discrepancy Between Self-Reported and Actual Caloric Intake and Exercise in Obese Subjects

Chap 2

1. Allan K. Blunt and Timothy A. Pychyl (2000) Task Aversiveness and Procrastination: A Multi-Dimensional Approach to Task Aversiveness Across Stages of Personal Projects

2. Judy Xu and Janet Metcalfe (2016) Studying in the Region of Proximal Learning Reduces Mind Wandering

3. Andrew M. Carton, Chad Murphy, and Jonathan R. Clark (2014) A (Blurry) Vision of the Future: How Leader Rhetoric About Ultimate Goals Influences Performance

4. Jooyoung Park, Fang-Chi Lu, and William M. Hedgcock (2017) Relative Effects of Forward and Backward Planning on Goal Pursuit

5. Anton Gollwitzer, Gabriele Oettingen, Teri A. Kirby, Angela Lee Duckworth,

and Doris Mayer (2011) Mental Contrasting Facilitates Academic Performance in School Children

Angela Lee Duckworth, Heidi Grant, Benjamin Loew, Gabriele Oettingen, and Peter M. Gollwitzer (2011) Self-Regulation Strategies Improve Self-Discipline in Adolescents: Benefits of Mental Contrasting and Implementation Intentions

6. Heather Barry Kappes and Gabriele Oettingen (2011) Positive Fantasies About Idealized Futures Sap Energy

7. Eric R. Spangenberg, Ioannis Kareklas, Berna Devezer, and David E. Sprott (2016) A Meta-Analytic Synthesis of the Question-Behavior Effect

8. Peter M. Gollwitzer and Paschal Sheeran (2006) Implementation Intentions and Goal Achievement: A Meta-Analysis of Effects and Processes

9. Dominic Conroy and Martin S. Hagger (2018) Imagery Interventions in Health Behavior: A Meta-Analysis

10. Todd Rogers and Katherine L. Milkman (2016) Reminders Through Association

Chap 3

1. Allen Ding Tian, Juliana Schroeder, Gerald Häubl, Jane L. Risen, Michael I. Norton, and Francesca Gino (2018) Enacting Rituals to Improve Self-Control

2. Eric B. Loucks, Willoughby B. Britton, Chanelle J. Howe, Roee Gutman, Stephen E. Gilman, Judson Brewer, Charles B. Eaton, and Stephen L. Buka (2015) Associations of Dispositional Mindfulness with Obesity and Central Adiposity: The New England Family Study

3. Lysann Damisch, Barbara Stoberock, and Thomas Mussweiler (2010) Keep Your Fingers Crossed! How Superstition Improves Performance

4. Enrique Octavio Flores Gutiérrez and Víctor Andrés Terán Camarena (2015) Music Therapy in Generalized Anxiety Disorder

5. Jonas De keersmaecker, David Dunning, Gordon Pennycook, David G. Rand,

Carmen Sanchez, Christian Unkelbach, and Arne Roets (2019) Investigating the Robustness of the Illusory Truth Effect Across Individual Differences in Cognitive Ability, Need for Cognitive Closure, and Cognitive Style

6. Diwas S. KC, Bradley R. Staats, Maryam Kouchaki, and Francesca Gino (2017) Task Selection and Workload: A Focus on Completing Easy Tasks Hurts Long-Term Performance

7. Megan Oaten and Ken Cheng (2007) Improvements in Self-Control from Financial Monitoring

8. Benjamin Harkin, Thomas L. Webb, Betty P. I. Chang, Andrew Prestwich, Mark Conner, Ian Kellar, Yael Benn, and Paschal Sheeran (2016) Does Monitoring Goal Progress Promote Goal Attainment? A Meta-Analysis of the Experimental Evidence

9. Mark Muraven, Roy F. Baumeister, and Dianne M. Tice (1999) Longitudinal Improvement of Self-Regulation Through Practice: Building Self-Control Strength Through Repeated Exercise

10. Jianxin Wang, Yulei Rao, and Daniel E. Houser (2016) An Experimental Analysis of Acquired Impulse Control Among Adult Humans Intolerant to Alcohol

11. McKay Moore Sohlberg, Catherine A. Mateer(2001)Cognitive Rehabilitation: An Integrative Neuropsychological Approach

12. Mel Robbins (2017) The 5 Second Rule: Transform Your Life, Work, and Confidence with Everyday Courage

13. BJ Fogg(2019)Tiny Habits: The Small Changes That Change Everything

14. Navin Kaushal and Ryan E. Rhodes (2015) Exercise Habit Formation in New Gym Members: A Longitudinal Study

15. Phillippa Lally, Cornelia H. M. Van Jaarsveld, Henry W. W. Potts, and Jane Wardle (2009) How Are Habits Formed: Modelling Habit Formation in the Real World

1. Ap Dijksterhuis and Ad van Knippenberg (1998) The Relation Between Perception and Behavior, or How to Win a Game of Trivial Pursuit

2. Jochim Hansen and Michaela Wänke (2009) Think of Capable Others and You Can Make It! Self-Efficacy Mediates the Effect of Stereotype Activation on Behavior

3. Cheryl A. Taylor, Charles G. Lord, Rusty B. McIntyre, and René M. Paulson (2011) The Hillary Clinton Effect: When the Same Role Model Inspires or Fails to Inspire Improved Performance Under Stereotype Threat

4. Amy Wrzesniewski, Clark McCauley, Paul Rozin, and Barry Schwartz (1997) Jobs, Careers, and Callings: People's Relations to Their Work

5. Amy Wrzesniewski, Nicholas LoBuglio, Jane E. Dutton, and Justin M. Berg (2013) Job Crafting and Cultivating Positive Meaning and Identity in Work

6. Antonis Hatzigeorgiadis, Nikos Zourbanos, Evangelos Galanis, and Yiannis Theodorakis (2011) Self-Talk and Sports Performance: A Meta-Analysis

7. Kimberly D. Tanner (2012) Promoting Student Metacognition

8. Benjamin L. Butina (2016) An Investigation of the Efficacy of the Using Your Signature Strengths in a New Way to Enhance Strengths Use in Work Settings

9. Boris Groysberg, Ashish Nanda, and Nitin Nohria (2004) The Risky Business of Hiring Stars

10. Bersin by Deloitte (2014) The Corporate Learning Factbook 2014: Benchmarks, Trends, and Analysis of the U.S. Training Market

11. Kobe Desender, Sarah Beums, Eva Van den Bussche(2015)Is mental effort exertion contagious?

1. Evan C. Carter and Michael E. McCullough (2014) Publication Bias and the Limited Strength Model of Self-Control: Has the Evidence for Ego Depletion Been Overestimated?

2. M. S. Hagger, N. L. D. Chatzisarantis, H. Alberts, C. O. Anggono, C. Batailler, A. R. Birt, R. Brand, M. J. Brandt, G. Brewer, S. Bruyneel, D. P. Calvillo, W. K. Campbell, P. R. Cannon, M. Carlucci, N. P. Carruth, T. Cheung, A. Crowell, D. T. D. De Ridder, S. Dewitte, M. Elson, J. R. Evans, B. A. Fay, B. M. Fennis, A. Finley, Z. Francis, E. Heise, H. Hoemann, Michael Inzlicht, S. L. Koole, L. Koppel, F. Kroese, F. Lange, K. Lau, B. P. Lynch, C. Martijn, H. Merckelbach, N. V. Mills, A. Michirev, A. Miyake, A. E. Mosser, M. Muise, D. Muller, M. Muzi, D. Nalis, R. Nurwanti, H. Otgaar, M. C. Philipp, P. Primoceri, K. Rentzsch, L. Ringos, C. Schlinkert, B. J. Schmeichel, S. F. Schoch, M. Schrama, A. Schütz, A. Stamos, G. Tinghög, J. Ullrich, M. vanDellen, S. Wimbarti, W. Wolff, C. Yusainy, O. Zerhouni, and M. Zwienenberg (2016) A Multilab Preregistered Replication of the Ego-Depletion Effect

3. Xiaomeng Xu, Kathryn E. Demos, Tricia M. Leahey, Chantelle N. Hart, Jennifer Trautvetter, Pamela Coward, Kathryn R. Middleton, and Rena R. Wing (2014) Failure to Replicate Depletion of Self-Control

4. Jacob L. Orquin and Robert Kurzban (2016) A Meta-Analysis of Blood Glucose Effects on Human Decision Making

5. Robert Kurzban (2010) Does the Brain Consume Additional Glucose During Self-Control Tasks?

6. Michael Inzlicht, Brandon J. Schmeichel, and C. Neil Macrae (2014) Why Self-Control Seems (but May Not Be) Limited

7. Matthew A. Sanders, Steve D. Shirk, Chris J. Burgin, and Leonard L. Martin (2012) The Gargle Effect: Rinsing the Mouth with Glucose Enhances Self-Control

8. Gloria Mark, Shamsi Iqbal, Mary Czerwinski, Paul Johns, and Akane Sano (2016) Neurotics Can't Focus: An in situ Study of Online Multitasking in the Workplace

9. Jessica Skorka-Brown, Jackie Andrade, Ben Whalley, and Jon May (2015) Playing Tetris Decreases Drug and Other Cravings in Real World Settings

10. Nicole L. Mead and Vanessa M. Patrick (2016) The Taming of Desire: Unspecific Postponement Reduces Desire for and Consumption of Postponed Temptations

11. エイドリアン・ウェルズ (2012) メタ認知療法 うつと不安の新しいケー スフォーミュ レーション

12. Frederick G. Lopez and Cathrine A. Wambach (1982) Effects of Paradoxical and Self-Control Directives in Counseling

Gregg Mulry, Raymond Fleming, and Ann C. Gottschalk (1994) Psychological Reactance and Brief Treatment of Academic Procrastination

13. Laura Dabbish, Gloria Mark, and Victor Gonzalez (2011) Why Do I Keep Interrupting Myself?: Environment, Habit and Self-Interruption

14. Erik M. Altmann, J. Gregory Trafton, and David Z. Hambrick (2014) Momentary Interruptions Can Derail the Train of Thought

15. Ravi Mehta and Rui (Juliet) Zhu (2009) Blue or Red? Exploring the Effect of Color on Cognitive Task Performances

16. Mona Lisa Chanda and Daniel J. Levitin (2013) The Neurochemistry of Music

17. Anneli B. Haake (2011) Individual Music Listening in Workplace Settings: An Exploratory Survey of Offices in the UK

18. Yi-Nuo Shih, Rong-Hwa Huang, and Hsin-Yu Chiang (2012) Background Music: Effects on Attention Performance

19. E. Glenn Schellenberg, Takayuki Nakata, Patrick G. Hunter, and Sachiko Tamoto (2007) Exposure to Music and Cognitive Performance: Tests of Children and Adults

1. Liad Uziel and Roy F. Baumeister (2017) The Self-Control Irony: Desire for Self-Control Limits Exertion of Self-Control in Demanding Settings

2. Dmitrij Agroskin, Johannes Klackl, and Eva Jonas (2014) The Self-Liking Brain: A VBM Study on the Structural Substrate of Self-Esteem

3. Jia Wei Zhang and Serena Chen (2016) Self-Compassion Promotes Personal Improvement from Regret Experiences via Acceptance

4. Chen Zhang, David M. Mayer, and Eunbit Hwang (2018) More Is Less: Learning but Not Relaxing Buffers Deviance Under Job Stressors

5. Shinya Kajitani, Colin McKenzie, and Kei Sakata (2017) Use It Too Much and Lose It? The Effect of Working Hours on Cognitive Ability

6. 田中二郎 (2016) アフリカ狩猟採集民ブッシュマンの昔と今―半世紀の記録―

7. Kate E. Lee, Kathryn J. H. Williams, Leisa D. Sargent, Nicholas S. G. Williams, and Katherine A. Johnson (2015) 40-Second Green Roof Views Sustain Attention: The Role of Micro-Breaks in Attention Restoration

8. Magdalena M. H. E. van den Berg, Jolanda Maas, Rianne Muller, Anoek Braun, Wendy Kaandorp, René van Lien, Mireille N. M. van Poppel, Willem van Mechelen, and Agnes E. van den Berg (2015) Autonomic Nervous System Responses to Viewing Green and Built Settings: Differentiating Between Sympathetic and Parasympathetic Activity

9. Kazuya Suwabe, Kyeongho Byun, Kazuki Hyodo, Zachariah M. Reagh, Jared M. Roberts, Akira Matsushita, Kousaku Saotome, Genta Ochi, Takemune Fukuie, Kenji Suzuki, Yoshiyuki Sankai, Michael A. Yassa, and Hideaki Soya (2018) Rapid Stimulation of Human Dentate Gyrus Function with Acute Mild Exercise

10. Fabien Dal Maso, Bennet Desormeau, Marie-Hélène Boudrias, and Marc Roig (2018) Acute Cardiovascular Exercise Promotes Functional Changes in Cortico-Motor Networks During the Early Stages of Motor Memory Consolidation

11. Bud Winter and Jimson Lee (2012) Relax and Win: Championship Performance in Whatever You Do

야수의 집중력
맑은 정신을 유지하고 집중력을 끌어올리는 최강의 기술 45

펴낸날 | 2021년 9월 27일
지은이 | 스즈키 유
옮긴이 | 홍미화
펴낸곳 | 윌컴퍼니
펴낸이 | 김화수
출판등록 | 제2019-000052호
전화 | 02-725-9597
팩스 | 02-725-0312
이메일 | willcompanybook@naver.com
ISBN | 979-11-85676-67-8   03400